website

do **BRIEFING**
ao produto final

Fernando Ramos

website
do **BRIEFING**
ao produto final

ALTA BOOKS
E D I T O R A
Rio de Janeiro, 2015

Produção Editorial Editora Alta Books	**Supervisão Editorial** Angel Cabeza Sergio Luiz de Souza	**Design Editorial** Aurélio Corrêa	**Captação e Contratação** **de Obras Nacionais** Cristiane Santos J. A. Rugeri Marco Pace autoria@altabooks.com.br	**Vendas Atacado e Varejo** Daniele Fonseca Viviane Paiva comercial@altabooks.com.br
Gerência Editorial Anderson Vieira				
Produtor Editorial Thiê Alves				**Marketing e Promoção** Hannah Carriello marketing@altabooks.com.br
				Ouvidoria ouvidoria@altabooks.com.br
Equipe Editorial	Cristiane Santos Claudia Braga Juliana de Oliveira	Letícia Vitoria de Souza Mayara Coelho Milena Lepsch	Milena Souza Natália Gonçalves Nathalia Curvelo	Raquel Ferreira Rômulo Lentini Thiê Alves
Revisão Gramatical Gloria Melgarejo	**Diagramação, Layout e Capas** Aurélio Corrêa			

Dados Internacionais de Catalogação na Publicação (CIP)

R175w   Ramos, Fernando.
        Website : do briefing ao produto final / Fernando Ramos. – Rio de Janeiro, RJ : Alta Books, 2015.
        160 p. : il. ; 21 cm.

        ISBN 978-85-7608-899-8

        1. Website - Comunicação. 2. Tecnologia. 3. Informática. 4. Webdesign. 5. Sites - Desenvolvimento. I. Título.

                       CDU 004.738.5:659.3
                       CDD 005.72

Índice para catálogo sistemático:
1. Comunicação : Website   004.738.5:659.3
(Bibliotecária responsável: Sabrina Leal Araujo – CRB 10/1507)

ALTA BOOKS
E D I T O R A

Rua Viúva Cláudio, 291 — Bairro Industrial do Jacaré
CEP: 20970-031 — Rio de Janeiro
Tels.: 21 3278-8069/8419 Fax: 21 3277-1253
www.altabooks.com.br — e-mail: altabooks@altabooks.com.br
www.facebook.com/altabooks — www.twitter.com/alta_books

Para Dona Aurea, minha mãe e sócia no meu primeiro computador (que ela pagou praticamente sozinha).

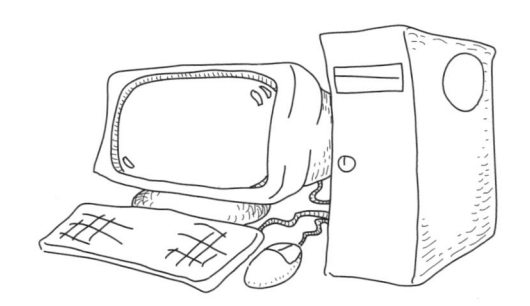

Sumário

AGRADECIMENTOS

JÁ LI EM ALGUM LUGAR que agradecer nominalmente é sempre correr o risco de deixar alguém de fora. Não sabia o peso dessas palavras até esse momento, mas vou pegar a premissa emprestada, pois é verdadeira. Como, às vezes, é preciso viver perigosamente, chegou a minha vez: vou me arriscar, antecipadamente pedindo enormes desculpas a quem eu possa ter deixado de citar por descuido, lapso de memória ou ambos.

Em primeiro lugar, queria agradecer à Cláudia Marapodi, parceira e sócia, pelo aprendizado, cumplicidade e lealdade. À Fernanda Silveira que, mesmo sem ter lido esse material, indicou nas mãos de quem eu deveria entregar este projeto. Ao amigo Allan Breder, cujo convite para uma palestra me inspirou a escrever este livro. À Bianca Isidora de Andrade Rego da Silva pela força num momento crucial.

À Marília Chermont, professora e amiga, por quem tenho eterna gratidão pela segunda alfabetização que me proporcionou. Aos queridíssimos amigos Mazé Gralato e Adilson Batista, que me acompanham agora do outro plano, pelos anos de aprendizado e pelo privilégio da convivência. Ao amigo e inspirador Marcos Perrud, com quem muito aprendi sobre Comunicação e Rock Progressivo. Aos amigos Juliano Borges e Salvador Netto que, além da amizade, sempre injetaram altas doses de respeito pelo meu trabalho. Aos amigos jornalistas Alexandre Fontoura, pela dedicação e dicas valiosas, e Gabriela Mafort, pela força.

Aos clientes que, com suas demandas e desafios, proporcionaram muito aprendizado e perseverança.

Um agradecimento especial ao Seu Luiz, meu pai, que sempre foi um incentivador de todas as minhas atividades, desde as aulas de karatê na infância até a introdução à música. Foram 15 anos de convivência, que valeram uma vida inteira. Espero que lá no outro plano possa compartilhar comigo de mais esta conquista.

À minha mãe, Dona Aurea, por investir financeira e moralmente nos meus projetos, mesmo sem saber ao certo do que se tratavam. Também por todo o carinho e amor que só as mães sabem dar.

Aos meus irmãos Hedilamar, Andreia e André, que sempre acreditaram no meu trabalho e pelo carinho com que sempre me receberam e recebem. Amo vocês. Aos cunhados Paulo Roberto e Leandro, dois irmãos que ganhei nessa caminhada. Aos outros irmãos, Cláudio, que está sempre nas minhas orações, e Mário, que nos deixou há pouco, mas que marcou nossas vidas.

Não posso deixar de citar Marquinho Freze, parceiro e sobrinho, que deu sempre aquela força para a conclusão deste projeto. Valeu, velho! À Julyana Marapodi, pelo carinho e por morar no meu coração, junto com Malu e os pequenos Matheus e Caio Bruno.

Aos editores e toda equipe da Alta Books, que apostaram neste projeto, pela paciência e confiança que depositaram em mim. Obrigado!

PREFÁCIO

CRIAR UM SITE implica uma série de conhecimentos e talento. Fernando Ramos e o Google começaram na internet no mesmo ano, em 1998 e, de lá pra cá, nada evoluiu tanto como a comunicação na internet. Estar presente nas redes sociais é fundamental, claro, mas de pouco adiantaria estar na web sem ser de forma apresentável e funcional.

Nas próximas páginas, o designer e webdesigner Fernando Ramos compartilha, de modo informal e enriquecedor, muitos desafios na missão de entregar websites para os mais diversos tipos de clientes e convida o leitor a ir além do que foi pedido. É natural que o profissional da web tenha preocupações que o dono do site não tem, mas a primeira lição é aprender a ouvir o cliente. Afinal, ninguém melhor do que ele para entender seu negócio.

Trata-se de um livro prático, sem fórmulas e nada técnico, senão ele estaria desatualizado em poucos meses. O leitor encontra aqui estímulos em todo processo de criação do site, "do briefing ao produto final", literalmente. Uma leitura mais que recomendada para ajudar a pensar em um site, no que fazer e no que não fazer.

Essa obra vai ajudar o profissional de desenvolvimento, webdesigners, criadores de conteúdo e amantes do tema, desde os que estão iniciando na área até os mais experientes. Os mais novos porque vai contextualizar a evolução do processo de criação e os mais antigos por causa da troca de experiência e o convite à reflexão.

Tamanho do cliente, conteúdo, prazos, expectativas, modelo para a coleta de dados (o briefing) são temas bem colocados, de forma que o leitor vai se aproximar dos casos e situações aqui expostos, divididos por dez capítulos.

Trocar de carro todo ano é um luxo, mas trocar de site com essa frequência, ou, pelo menos, uma boa atualização, é essencial, o que aumenta ainda mais a importância do profissional web e também a demanda de trabalho.

Acho ainda importante destacar a geração do Fernando, que também é a minha: nascemos totalmente desplugados, e não só vimos a internet nascer, mas fizemos e estamos fazendo parte dessa história, interagindo, publicando, criando, errando, acertando e sempre evoluindo. Acredito que a visão de quem vivenciou toda essa mudança tenha muito a contribuir, principalmente com aqueles que já nasceram conectados. Então, profissional da web, aproveite esse livro.

:)

Alexandre Fontoura

Jornalista e publicitário. Foi editor do JB Online, o primeiro jornal na internet do Brasil, colunista de tecnologia do Jornal do Commercio--RJ, colunista de revistas de TI e sócio-fundador da Tuiuiú Comunicação. Fã número um do Neil Diamond e velejador.

INTRODUÇÃO (OU SOBRE O QUE NÃO É ESTE LIVRO)

ANTES DE VOCÊ COMEÇAR a ler, gostaria de deixar bem claro sobre o que este livro **não é**. Este não é um livro sobre como fazer um website. Não vamos falar sobre códigos, scripts ou linguagens de programação, nem tampouco traremos tutoriais de programas utilizados para o desenho das interfaces e produção de websites. Para isso, já existe farta literatura e a própria internet é uma fonte quase inesgotável e sempre atualizada de tutoriais que podem ensinar aos interessados como escrever os códigos, implementar as mais diferentes rotinas, resolver os mais complexos problemas e publicar um website na rede.

A ideia desse livro surgiu em uma palestra que demos (eu e minha sócia, Cláudia Marapodi) na Universidade Estácio de Sá, numa das "Semanas de Comunicação" promovidas por esta instituição. Na ocasião, aventou-se a ideia de se preparar um curso de férias e esse tema me veio à mente. Ao iniciar um rascunho do que seria o curso, desenhou-se para mim a possibilidade de o mesmo virar um livro, que pudesse, sobretudo, apontar aos interessados os caminhos que se deve percorrer do briefing do site até o produto final.

Desde 1998, quando produzi o meu primeiro website, até hoje, as tecnologias e técnicas na construção de sites mudaram diversas vezes, obrigando-me a reaprender linguagens, conceitos e técnicas. Isso não é privilégio meu, pois acontece com todos os profissionais que atuam nesta área. Mesmo agora estão em curso importantes mudanças, que certamente influenciarão na forma como os sites serão feitos daqui a algum tempo e tenho plena convicção de que isso não vai parar nunca. Em paralelo, diversas tendências, que surgem a todo momento, podem não se confirmar, sendo apenas modismos ou nem isso, como já aconteceu muitas vezes. No desenvolvimento web, ao contrário do que se pode pensar às vezes, a tecnologia de ponta ou a "novidade" não tem que ser adotada de imediato, pelo contrário. Como o mais importante é sempre a acessibilidade, é prudente adotar-se sempre as tecnologias que possam levar os conteúdos ao maior número de pessoas e dispositivos, com o máximo de compatibilidade, o que quase nunca significa utilizar o que há de mais novo.

O fato é que as tecnologias continuam mudando a cada dia e o que se utiliza hoje poderá não servir (e possivelmente não servirá ou será ineficiente, insuficiente) para projetos de daqui há alguns poucos anos. O nosso foco aqui será, em grande medida e sempre que possível, nas questões e desafios que se mostraram permanentes nesses anos todos e que provavelmente permearão o dia a dia de quem produz websites, independentemente dos aspectos técnicos ou tecnológicos. Trataremos dos desafios da Comunicação.

A intenção é mostrar para profissionais iniciantes (desenvolvedores, designers, redatores etc), estudantes, aficionados pelo tema e, até mesmo, para os clientes que contratam as agências ou produtores independentes, como transformar os anseios do "dono" do site num produto que satisfaça suas expectativas e cumpra, com êxito, todos os objetivos que o site se proponha a alcançar. Trataremos aqui dos passos de cada processo e dos desafios na produção e formatação do conteúdo para que o mesmo seja disposto de forma útil tanto para o internauta, quanto para a entidade dona do site, trazendo benefícios para ambos. Somente com este foco — benefício de mão-dupla — é que se pode entender o produto final — o website — como um produto de sucesso.

Também trataremos de alguns casos da vida real para ilustrar desafios e situações específicas ou simplesmente para tornar a explanação dos conceitos mais palpável. Sempre tendo em mente que o objetivo, com estes exemplos, não é dar fórmulas de como se agir, mas apresentar casos e demandas únicos e mostrar como foram encontradas as soluções para o atendimento e a resolução deles.

Todo o conteúdo disponível aqui é fruto das experiências acumuladas por mais de 15 anos de tentativas, erros e acertos no desafio diário de produzir websites para nossos clientes. Muito do conhecimento contido nessas páginas, por mais óbvios que possam, por vezes, parecer, foram obtidos a partir de desafios e experiências do dia a dia, alguns deles, numa época em que pouco se sabia a respeito da produção de websites. Grande parte do mesmo também se deve à observação, pesquisa, leitura e compartilhamento de experiências com outros profissionais no Brasil e no exterior, que, muitas vezes, encontrando-se nas mesmas circunstâncias, criativamente encontraram soluções para transformar ideias em produtos de resultado.

Esse livro não termina em sua página final. Trata-se de um conhecimento em construção. Ao escrevê-lo, espero compartilhar aquilo que descobri e aprendi e também espero aprender, com as ideias e desdobramentos que possam surgir a partir do mesmo. Espero, acima de tudo, que essa obra possa contribuir para a discussão do tema e ajudar na formatação dos processos e organização dos profissionais que fazem a web.

SABER OUVIR O CLIENTE

TALVEZ ESSA SEJA UMA DAS MAIS ÓBVIAS ou a mais óbvia de todas as premissas no relacionamento cliente--agência, mas, provavelmente, é também a regra mais ignorada. Nós, produtores de websites, arrogantes que somos, esquecemos que certamente entendemos muito daquilo que fazemos e entendemos muito pouco (ou nada) sobre o negócio do nosso cliente. Como, certamente, temos clientes de vários segmentos e portes, seria impossível entender as características e especificidades do negócio de todos eles. Também seria um erro pensar, quando vamos realizar um trabalho para um cliente de um segmento igual ou similar ao de algum já realizado anteriormente para outro cliente, que poderemos usar 100% dos mesmos conceitos, da mesma linguagem ou da mesma estrutura do trabalho anterior. A produção responsável de um website tem que levar em conta, obrigatoriamente, o diálogo entre o nosso conhecimento e o conhecimento que o cliente tem de seu dia a dia, de seu público, de seu produto e da sua empresa.

Todos os nossos clientes (atuais, antigos e futuros) têm em comum uma coisa: pretendem ter uma presença na web para vender algo. Entendamos aqui o verbo "vender" de forma mais ampliada, ou seja, não estamos falando de e-commerce propriamente, mas sim da venda de um conceito, de um valor, de um conteúdo, de uma ideia, de uma marca e, vá lá, também da venda de produtos físicos ou serviços online. Com isso em mente, vamos entender que um músico "vende" os seus shows, sua música e seu talento; um cirurgião plástico "vende" a autoestima e o desejo de mudança estética; um site de jornal "vende" credibilidade e informação, e assim por diante. Nós, produtores do site, seremos os construtores do palco onde esta venda ocorrerá e caberá a nós descobrirmos a melhor forma de realizá-la.

Como fazer isso? Primeiramente, conversando com o cliente, entendendo o que ele faz, qual é o seu público (ou quais são, pois podem ser dois ou mais), qual ou quais os produtos e/ou serviços que ele oferece e quais os objetivos que pretende alcançar com o site. Muitas vezes, o que pode ter motivado o cliente a ter um site, ou a fazer um novo, não foi a perspectiva de levar os atuais conceitos da empresa para a rede, mas sim um desejo de ampliar o seu público e levar ao mesmo uma abordagem diferente da feita até então em outras mídias. Uma pesquisa sobre o cliente e o segmento em que ele atua, antes desse papo, ajudará bastante, tanto para você entender melhor o que ele irá lhe dizer, quanto para lhe transmitir confiança de que você está capacitado para transformar toda aquela informação num website que não seja apenas bonitinho.

Uma vez que você esteja com o cliente, procure saber dele histórias e curiosidades sobre a empresa, coisas que deram certo ou deram errado durante a trajetória da mesma. Tente conversar, mesmo que informalmente, com alguns colaboradores e procure saber quem são os parceiros, fornecedores e, principalmente, os concorrentes. A partir desse ponto, uma segunda pesquisa será tão importante e necessária quanto a primeira. É importante tentar descobrir como eles, os concorrentes, se posicionam na internet. Há quanto tempo estão na rede, como se vendem dentro de seus sites e como estes estão estruturados. Verifique os acertos deles e o que você considera como erros ou pontos fracos. Pense com a cabeça de um usuário final desses sites e veja se eles entregam facilmente aquilo que você procura e, sobretudo, pense também em como você desenvolveria uma solução diferente para os mesmos websites. Cuidado para não cair na tentação de achar que a solução dos concorrentes de seu cliente seja um padrão a ser seguido, mesmo que observe que a maioria deles tenda a apresentar a mesma estrutura. Não deixe, porém, de considerar também que, algumas vezes, essas repetições significam que aquele tipo de conteúdo está organizado de uma forma familiar para aquele segmento de internautas e que isso pode ser um indício de que aquilo é o que eles, internautas, buscam. Lembre-se: além de você e do seu cliente, ninguém vai gastar mais do que alguns minutos no site. Então, ele deve ser claro e, na medida do possível, familiar. O visitante não tem tempo a perder aprendendo a lidar com o seu site. Se ele tiver que fazer isso, certamente desistirá e buscará por outro. A observação e a análise são fundamentais para você descobrir qual caminho e estratégias seguir. Tenha em mente que ser criativo não necessariamente significa criar algo totalmente novo, mas pode significar dar uma nova abordagem para determinado conteúdo. Uma máxima que resume bem este processo é: "Um anão sobre os ombros de um gigante enxerga mais longe que o próprio gigante"[1], ou seja, apoie-se nos conhecimentos que estão dando certo, sem se limitar a repeti-los. Vá além.

Mas atenção: saber ouvir o cliente certamente não significa atender a todos os seus pedidos, nem tampouco ser meramente os braços executores das vontades dele. Da mesma forma que você deve ouvi-lo, faça-se ouvir também. Para isso, é importante demonstrar que você tem

---

[1] Esta citação é atribuída a diversos autores, dentre eles, ao filósofo Bernardo de Chartres, a Robert Bruton e até a Sir Isaac Newton. O mais importante aqui é o conhecimento contido nela.

conhecimento e que está preparado para realizar o trabalho. Evite, entretanto, ser técnico demais, pois isso afastará o cliente de você. Defenda suas ideias de forma simples e direta e, se possível, faça sempre alguma analogia com o segmento em que ele atua. Isso fará com que as suas ideias tenham mais sentido para ele. Se for necessário — e às vezes é — diga "não".

Saber dizer "não" é uma arte e, em grande parte das vezes, uma necessidade. Cabe, no entanto, lembrar mais uma vez que a nossa especialidade não é a mesma do cliente e, por isso, ele nos contratou: ele não faz o que nós fazemos. Na mesma medida, nós não fazemos o que ele faz. Então, é nossa obrigação mergulhar no universo do cliente, perguntar e entender o que ele faz, como faz, quem o compra/consome e o que estas pessoas desejam encontrar num website deste segmento de negócio. Nesse caso, o bom senso, como tudo na vida, é o que vai guiar você na árdua tarefa de transformar o desejo de seu cliente num website. Não se esqueça, porém, em tempo algum, de que o site é **do cliente** e isso é crucial para que o casamento entre o seu conhecimento e o dele resultem num produto que alcançará os objetivos propostos, tantos os seus quanto os dele.

Antes de concluir este capítulo, uma última dica: estudar e se aperfeiçoar naquilo que você faz é super importante, pois fará com que você se especialize e possa ir mais longe na profissão que escolheu. Todavia, tire um tempo para ler coisas fora da sua área, assistir a filmes, ler jornais, enfim, se enriquecer com cultura geral. Isso, além de fazer muito bem para você e para a sua vida, certamente facilitará sua comunicação com seu cliente, que ora será um músico, ora um médico, ora um diretor de uma empresa de construção civil, ora um empresário do varejo etc etc etc.

"TODOS OS SITES SÃO SIMPLES"

CALMA, NEM TODOS os sites são simples. Aliás, a maioria deles não é. Tenho, inclusive, a intuição de que não existe nenhum que realmente seja, mas a frase "é um site simples" é uma das que, nesses anos todos de mercado, mais ouvi por parte dos clientes. Acredito que, em 10% das vezes em que a ouvi, isso se deveu à relativa ingenuidade do cliente ao subestimar a complexidade de seu projeto, mas, em 90% das vezes em que me foi dita, certamente foi com o intuito do cliente de conseguir um preço mais em conta. Logicamente, quando fazem isso, os clientes estão em seu papel. É nosso papel avaliar cuidadosamente os projetos para que o tempo, esforço e conhecimento gastos neles tenham remunerações compatíveis.

De todo modo, o objetivo, neste capítulo, não é discutir a formação de preços de um site, até porque, são muitos os fatores que influenciam na valoração dos projetos web e isso também é relativo, de acordo com os mercados, o porte dos clientes, o prazo, o número de pessoas envolvidas nos processos, entre inúmeras outras coisas.

Nosso objetivo é estabelecer alguns conceitos para que possamos entender as demandas do cliente e poder mensurar, antecipadamente, o nível de complexidade do site que vamos produzir para ele. Logicamente, quando avaliamos cuidadosamente a complexidade de um projeto, estamos a um passo de avaliar bem os custos e o preço a ser cobrado, bem como poder estabelecer também prazos factíveis para a conclusão das demandas dele.

Como, então, avaliar a complexidade de um projeto? Para isso, temos que avaliar basicamente quatro pontos: o **conteúdo**, a **dinâmica das informações** contidas no site, o **porte do cliente** e a **expectativa de prazo** do cliente para com o projeto.

Vejamos esses itens em detalhes:

O Conteúdo

Como você já deve ter ouvido em algum lugar, o conteúdo é o rei. A despeito de essa expressão ter virado um clichê, isso não faz dela uma premissa falsa, pelo contrário. Então, vamos lá: além de qualquer outro fator, é o conteúdo que o internauta está em busca[2] e, sobretudo, é a qualidade dele que vai determinar a satisfação do visitante e, consequentemente, o sucesso do site. O seu volume e tipo vão definir em grande medida a simplicidade ou complexidade do projeto. É relativamente fácil entender o volume de determinado conteúdo. Você pode medi-lo pela quantidade de páginas de texto, pela quantidade de fotos que você deverá organizar e tratar ou de megabytes de informação de um banco de dados, por exemplo. O que seria, porém, o seu "tipo"? Esse conceito diz respeito à classificação tanto da forma em que se apresenta, quanto das qualidades intrínsecas destes conteúdos; ou seja, se é texto, vídeo, foto, ilustração, animação, se é interativo, estático, exclusivo ou construído coletivamente com a colaboração do internauta, entre "n" outros fatores.

---

[2] Essa busca do internauta pelo conteúdo pode ser por notícias, por música, por uma informação, por uma imagem, pela diversão de um jogo, por um mapa ou até por informações da vida alheia nas redes sociais, algo bem comum nos últimos tempos, aliás.

Para não ficarmos só no blá-blá-blá, vamos sair um pouco do campo teórico e pensar num exemplo para identificar os tipos de conteúdo de um site hipotético: imagine, por exemplo, que seu cliente seja uma banda de rock independente (e essa é a principal vantagem de ser um cliente hipotético, porque, na vida real, será uma dupla sertaneja ou um grupo de pagode[3]). Essa banda possui um álbum com algumas das faixas disponibilizadas gratuitamente para download. O público da mesma seria eminentemente de pessoas entre 20 e 30 anos (podendo, esporadicamente, alcançar pessoas mais novas e mais velhas), que gostam de rock alternativo. Esse seu cliente utilizaria o site para divulgar seus shows, novidades e contatos e pretenderia vender online camisas e músicas avulsas em MP3. O site também teria como um dos objetivos uma integração com as redes sociais da banda, objetivando uma fidelização e engajamento dos fãs. Além disso, a intenção seria fazer do site um canal importante tanto para alcançar os contratantes dos shows, quanto para instrumentalizar a mídia com informações detalhadas sobre a banda, fotos em alta resolução para publicação em mídia impressa e vídeos.

Tipificando esses conteúdos, temos:

CONTEÚDO	TIPO
Músicas em MP3 (gratuitas)	Áudios para download ou streaming. Esses áudios seriam carregados em um player que tocaria as faixas, mas também estariam disponíveis em arquivos MP3, que poderiam ser baixados, através de um link simples.

---

[3] Brincadeiras à parte, um dos clientes mais corretos e de melhor trato que tivemos e com quem, ainda hoje, temos o prazer de trabalhar é o músico Charlles André (www.charllesandre.com.br), pagodeiro, autor de mais de 200 sucessos nesse segmento musical.

Músicas em MP3 (pagas)	Links para faixas ou álbuns em alguma loja virtual (iTunes, por exemplo).
História da banda / Bio dos integrantes	Esses conteúdos seriam basicamente fotos e textos com pouca necessidade de atualização, a não ser em momentos específicos, como a entrada ou saída de algum integrante ou um fato marcante, como o lançamento de um novo álbum.
Agenda de shows	Esse tipo de informação possui uma dinâmica que faz com que esse conteúdo tenha que ser baseado em banco de dados com sistema para publicação e organização dos eventos.
Novidades	Seriam textos dinâmicos (com necessidade de atualização frequente), no estilo de posts de um blog. Esse conteúdo também deveria ser baseado em banco de dados com sistema para publicação e organização das informações.
Vídeos	Assim como os áudios em streaming, os vídeos são conteúdos para visualização online. Nesse caso, pode-se e deve-se usar serviços de terceiros (YouTube, Vimeo, entre outros) para alocar estas informações e incorporá-las em seu site com duas grandes vantagens: 1) economia de consumo de banda, já que os vídeos, mesmo incorporados, rodarão e estarão hospedados em servidores externos; e 2) levar o conteúdo (videoclipe) para além do website, uma vez que ele também estaria nos canais que a banda manteria dentro destes sites externos (por exemplo, um canal da banda dentro do YouTube). Nesse segundo caso, a publicação dos vídeos nesses canais também poderia servir como forma de captar mais visitantes para o site da banda, uma vez que haveria, no canal, um link apontando para lá.

Loja virtual	Nesse caso, caberá uma avaliação sobre o volume do que se pretende comercializar e a forma de operacionalizar isso. Como estamos falando de uma banda independente, podemos pensar numa estrutura bem enxuta. Ou seja, seria uma página apenas, com os itens a serem comercializados e um botãozinho "comprar", que levaria para algum sistema de pagamento on-line, como o PagSeguro ou o PayPal (para citar os mais utilizados aqui e no exterior). Caso fossemos trabalhar com um volume maior de produtos, teríamos que pensar numa estrutura mais pesada. A lógica nos levaria para outras soluções, como a criação de uma loja estruturada ou uma parceria com algum serviço online que comercializasse estas peças. Falaremos mais sobre isso no Capítulo 6.
Imprensa	Este conteúdo poderia ser dividido em três tipos (que poderiam ser as subseções propriamente): 1) **Clipping**: Seriam as reproduções das matérias que foram publicadas sobre a banda na imprensa. Pelas suas características de dinâmica, esse conteúdo também deveria ser baseado em banco de dados com sistema para publicação e organização das informações. 2) **Assessoria de imprensa**: Dados do responsável pela assessoria da banda e formulário de contato direto para esta pessoa. Conteúdo teoricamente com rara necessidade de atualização. 3) **Release/Imagens**: Um texto voltado para a imprensa com informações básicas sobre o que a banda está focando naquele momento (ex. lançamento do novo álbum) e uma galeria de imagens para visualização e download em alta resolução. A princípio, também se trata de um conteúdo com atualização muito esporádica. Logo, uma galeria simples resolveria esta demanda.

Em suma, saber, de fato, qual é o conteúdo do site nos dará a possibilidade de avaliar qual a melhor forma de dispô-lo e que tipo de esforço isso vai nos demandar. Entenda-se "esforço" como horas de trabalho, número de pessoas envolvidas, tecnologias a serem adotadas e conhecimento técnico específico. Para saber todas essas informações a respeito do conteúdo, temos que entender essencialmente os objetivos de cada site, caso a caso, e qual a função de cada conteúdo no seu contexto específico, como fizemos com nosso cliente fictício.

A Dinâmica das Informações

Olhando para os itens do nosso site fictício, observamos que muitos deles possuem necessidade de atualização frequente e que outros são mais permanentes. É sob esta ótica que vamos agora avaliar a dinâmica dessas informações contidas em nosso site. Podemos dizer, em linhas gerais, que a maior ou menor necessidade de atualização de um conteúdo determinará as estratégias de produção do site e o grau de importância que eventualmente este conteúdo terá no conjunto. Isso, por sua vez, indicará o maior ou o menor grau de complexidade do trabalho a ser executado.

Agora, um parêntese, para complicar um pouco a brincadeira: um conteúdo dinâmico, ou seja, com grande necessidade de atualização, não necessariamente torna um site mais complexo e, da mesma forma, um conteúdo não dinâmico, não significará que seu site seja mais simples. O aspecto que define a complexidade de informações ditas dinâmicas é a forma como as mesmas são geradas e interagem umas com as outras no contexto geral. Em termos práticos, um conteúdo, mesmo dinâmico, poderá ser considerado simples, na medida em que se tratar de uma seção na qual, como no exemplo em que estamos trabalhando, se publiquem notícias (título, autor, texto e fotos). Por outro lado, um conteúdo não dinâmico poderá ser complexo, em outra medida, como, por exemplo, uma apresentação interativa que demonstre um procedimento médico dentro de um site com essa finalidade. Assim, na comparação desses casos, esse conteúdo noticioso nos demandará um nível de esforço e tempo de programação menor do que a produção da apresentação interativa, que poderá, inclusive, envolver outros profissionais, como ilustradores, animadores, modeladores 3D, entre outros.

Tudo dependerá da análise a ser feita a partir do briefing colhido junto ao cliente.

O Porte do Cliente

Resumida e matematicamente, podemos dizer que o maior porte do cliente representa, de forma proporcional, um aumento da responsabilidade que nos é imposta, no que diz respeito a três fatores importantes: **prazo**, **audiência** e **abrangência**. Outros fatores também são influenciados pelo tamanho do nosso cliente, como prestígio (para nós, que vincularemos nosso trabalho à marca dele, e o prestígio que ele possui perante seu público, que deve ser levado em conta) ou outros valores inerentes ao branding do mesmo. Vamos, porém, nos ater a estes três, por considerarmos serem eles os mais relevantes dentro do tipo de análise que estamos fazendo.

Aqui, um importante detalhe: que fique claro que os clientes de porte menor não podem ser considerados "desimportantes" nem tampouco receber menor grau de nosso comprometimento como profissionais. A avaliação, neste caso, não é de cunho subjetivo, mas sob a ótica da objetividade relativa aos três fatores citados acima e o quanto eles influenciam na complexidade dos processos de desenvolvimento de um site.

Prazo

Clientes de grande porte normalmente têm um maior controle de prazos e cronogramas. Esses fatores, no que diz respeito ao website que vamos construir, estão direta ou indiretamente ligados a outros processos e a uma cadeia de ações (diferentemente de clientes pequenos, cujos prazos e expectativas de cronograma são mais independentes, mesmo que isso não signifique que sejam mais flexíveis). Isso significa dizer que, na produção de um website, quanto maior o cliente, possivelmente maior deverá ser a rigidez com que os prazos se apresentarão e menor a chance de flexibilização dos mesmos.

Vejamos na prática, usando o nosso cliente fictício como exemplo mais uma vez: caso ele fosse uma banda já famosa e ligada a uma gravadora ou a um selo, ou mesmo independente, mas que já tivesse um público consolidado, o cronograma de produção de nosso website certamente estaria vinculado ao lançamento de um novo trabalho musical, ao início de uma turnê e a ações promocionais articuladas pela banda em todo este processo. O mesmo se daria se o cliente em questão fosse de qualquer outro segmento, como comércio (um grande magazine), indústria (uma fábrica de equipamentos esportivos), prestação de serviços (uma operadora de plano de saúde) etc, que teriam seus prazos vinculados a estratégias de lançamento de produtos ou a cronogramas de campanhas publicitárias ou, ainda, a questões de exigência legal.

Este mesmo cliente, caso fosse de pequeno porte, sem contrato com gravadora, poderia ter seu cronograma desvinculado de outras ações, o que tornariam os prazos independentes de outros fatores.

Audiência

Quanto maior o tamanho de nosso cliente, podemos supor que maior será o seu público. Imagine que, em vez de um produtor de websites, você fosse um motorista profissional. Ao dirigir um táxi, por exemplo, você tem a responsabilidade sob um, dois, três ou, no máximo, quatro passageiros que estão sob a sua condução. Se você, por outro lado, fosse o motorista de um ônibus, teria sob sua responsabilidade, por exemplo, 42 passageiros. Imagine, agora, que você se atrasasse por conta de alguma imperícia sua ou por algum problema técnico. O dano causado por este atraso seria proporcionalmente maior aos passageiros do ônibus, pois teria o desdobramento sobre a rotina de 42 pessoas, ao contrário do táxi, que, no mesmo caso, teria consequência sobre, no máximo, quatro pessoas. Soma-se a isso o fato de que os passageiros insatisfeitos poderiam acionar na justiça a empresa de ônibus (ou a companhia de táxi). Certamente, os efeitos de 42 ações poderiam ser bem mais onerosos para a primeira do que quatro ações judiciais para a segunda, além do que a chance de articular um acordo judicial seria menos complicada num universo menor de pessoas envolvidas.

Você, no entanto, não é um motorista profissional. Você produz websites. Então, troque "passageiros" por "visitantes" e "táxi" ou "ônibus" por "website". Substitua também os números de passageiros por uma expectativa de visitantes/mês do site em questão. Imagine um site que tenha 500 visitantes/mês e compare com outro que tenha 500.000

visitantes/mês. Já deu para entender o quanto a audiência influencia, quando você avalia a sua complexidade.

Abrangência

Assim como a quantidade de visitantes que um site pode receber, a variedade desses visitantes também é fator de maior ou menor complexidade na nossa avaliação em relação ao que vamos construir. Esta variedade de visitantes pode ser avaliada a partir de vários aspectos: o maior ou menor espectro da idade do público ao que o site é dirigido, o sexo ou orientação sexual, estilo de vida, classe social, segmento social ou profissional, nível de escolaridade, maior ou menor abrangência geográfica (seja regional, nacional ou internacional), dentre muitos outros fatores, que poderão ser apresentados a nós, na medida em que conhecemos o público que o nosso cliente deseja alcançar.

No caso da nossa banda de rock independente, identificamos que se trata de um público entre 20 e 30 anos, mais ligado ao rock alternativo (o que será possivelmente um elemento restritivo), de ambos os sexos e que, em virtude da segmentação e pequeno porte de nosso cliente, certamente será concentrado em determinada região geográfica.

Agora, vamos imaginar uma outra situação: seu cliente é uma empresa que fornece equipamentos industriais para todo o território nacional. Nesse caso, se, por um lado, a abrangência geográfica é grande, por outro, trata-se de um público selecionado (gerentes, administradores, diretores ou chefes de departamento de compras de indústrias). Nesse exemplo, fatores como idade ou sexo não fazem a menor diferença, pois não influenciam diretamente na segmentação do produto oferecido. Todavia, a segmentação desse público, por seu aspecto profissional e, em especial, por se tratarem de tomadores de decisão, influenciará diretamente na forma, qualidade e tipo de conteúdo que será produzido e apresentado no website.

Via de regra, então, a maior ou menor variedade e abrangência do público do site que vamos produzir para o nosso cliente determinará os aspectos qualitativos, quantitativos e formais do conteúdo. Nesse caso, no que se refere à forma, os conteúdos poderão ser: mais especializados ou mais genéricos, mais técnicos ou mais superficiais, mais ou menos segmentados de acordo com o espectro que o público-alvo terá. Essa variedade poderá, inclusive, exigir que o site contenha "camadas" de informação. Vejamos o exemplo do nosso cliente que fornece equipamentos industriais: poderíamos ter uma apresentação dos produtos com abordagens sobre suas características mais abstratas — como relação custo-benefício ou facilidade de manutenção — e, em um subnível, características técnicas mais específicas, como capacidade, velocidade, consumo energético, produtividade etc. No primeiro nível, a informação estaria direcionada para o público que está avaliando o produto por seu aspecto de investimento e, no segundo nível, a informação estaria direcionada para os engenheiros, gerentes de operação, enfim, para o pessoal mais técnico.

Somam-se a todos esses pontos, os aspectos culturais e idiomáticos, para websites que, pelo seu caráter de abrangência, atinjam públicos em mais de um país. Lembrando que, dependendo do conteúdo a ser apresentado, não basta traduzi-lo para o idioma-alvo. Muitas vezes, será necessário rever os conteúdos e, algumas vezes, refazê-los para adequá-los ao público de tal e qual país, tanto, como já dissemos, pelas questões culturais, como por questões legais, por exemplo.

A Expectativa de Prazo

Prazo, de novo? Sim.

Anteriormente, abordamos os aspectos do prazo, a partir da perspectiva do porte do cliente e da relação que isso poderia ter com outras ações empreendidas no processo de divulgação da empresa/produto, que será objeto do website que vamos produzir. A complexidade de um site, porém, pode ser medida também pela expectativa (ou necessidade) que o cliente tem em relação ao prazo. Em termos práticos, se a estimativa normal para a produção de uma solução web for uma, mas o nosso cliente necessite do produto pronto antes, isso significa que deveremos envolver mais pessoas no processo para cumprir esta meta. Logicamente, além de complicar a nossa vida, isso também interferirá no valor final do site, pois o esforço, planejamento e gerenciamento do processo será todo afetado por essa diminuição do tempo para a conclusão do mesmo.

Saber avaliar os prazos factíveis é crucial para o planejamento, tanto das estratégias de produção, quanto no que diz respeito ao levantamento de custos do projeto.

Sobre o cronograma, cabe ainda uma ponderação muito importante: a produção de um website, como você bem deve saber, não se faz em uma etapa apenas. Por maior que seja uma equipe envolvida em um projeto, algumas das etapas sempre serão pré-requisitos para outras e, nesse ponto, deve-se estabelecer sempre com o cliente que o cronograma é uma via de mão dupla e que é assinado pelos dois lados envolvidos no projeto: ele e você. Na prática, tudo o que depender do cliente, como fornecimento de informações, textos brutos, fotos, entrevistas, feedbacks ou aprovações, tem que entrar no cronograma como sendo responsabilidade dele e os dias contabilizados (ou excedidos) nestas ações não poderão ser creditados no seu lado da conta.

Um pequeno exemplo para ilustrar:

AÇÃO	PRAZO
Produção do sitemap	N dias úteis
Desenho da interface	Y dias úteis
Webwriting	X dias úteis
Etc	etc

No caso acima, após a apresentação do sitemap, se o cliente demorasse vários dias para fazer suas considerações e para aprovar, ou se, após a aprovação da interface, demorasse para enviar para você os textos brutos (ou ceder a você as entrevistas necessárias para redação dos conteúdos), esses dias excedidos não poderiam (e não poderão) ser creditados na sua conta, posto que você é responsável pela parte do cronograma que lhe cabe e o cliente pela parte que cabe a ele. Coloque isso em contrato, pois dará mais transparência e resguardará tanto a você quanto ao seu cliente.

Então, agora você já sabe: da próxima vez que o seu cliente ligar e disser que deseja fazer um "site simples", avalie cuidadosamente todos os itens aqui relacionados e os coloque na sua proposta para que fique bem claro qual o tamanho da demanda e o quanto de esforço a mesma exigirá. Talvez você até se surpreenda e veja que o site é realmente simples.

TOMADA DE BRIEFING

AGORA QUE VOCÊ JÁ SABE o que precisa ser observado na hora de avaliar a complexidade de um website, é necessário que saiba como extrair essas informações do seu cliente. Para isso, teremos que fazer um briefing. Alguns clientes tendem a menosprezar esta fase, como se ela fosse uma "encheção de linguiça" ou um artifício do qual os profissionais se utilizam para valorizar o seu trabalho. Inclusive, já ouvi de um cliente que o briefing escraviza o processo de criação. Exageros à parte, esta peça somente será útil se for considerada como um guia no processo e não uma algema. É a base sobre a qual traçaremos todas as estratégias do desenvolvimento do site que vamos produzir.

Primeiramente, precisamos entender, de forma rápida, o que é um briefing. Para isso, utilizemos a definição da Wikipédia (http://pt.wikipedia.org/wiki/Briefing)[4] que é direta e objetiva:

> O **briefing** é um conjunto de informações, uma coleta de dados passada em uma reunião para o desenvolvimento de um trabalho, documento, sendo muito utilizado em Administração, Relações Públicas e na Publicidade. O briefing deve criar um roteiro de ação para criar a solução que o cliente procura; é como mapear o problema e, com estas pistas, ter ideias para criar soluções.
>
> O briefing é uma peça fundamental para a elaboração de uma proposta de pesquisa de mercado. É um elemento-chave para o planejamento de todas as etapas da pesquisa, de acordo com as necessidades do cliente.

---

[4] Tomei a liberdade de corrigir uma ou outra concordância e uma vírgula que estava fora do lugar, mas, em essência, o texto está íntegro ao da enciclopédia virtual.

Pois bem, o briefing é um roteiro, que fornecerá as informações que precisaremos para nosso processo. Este roteiro é composto por perguntas, que deverão ser feitas ao nosso cliente e cujas respostas nos darão a noção daquilo que ele espera do seu website. Para que essas respostas sejam consistentes e úteis, as perguntas devem ser consistentes também. Existem vários modelos de briefing disponíveis na internet. Abaixo, transcrevo um que encontrei numa pesquisa há vários anos e que utilizo com frequência. O mesmo foi alterado por mim diversas vezes e, volta e meia, sofre determinados ajustes para incluir novos itens ou aperfeiçoar os existentes. Enfim, é uma base. Pode e deve ser aperfeiçoado.

O modelo de briefing a seguir contém perguntas para um projeto padrão. Antes de enviá-lo para o seu cliente, sempre é útil bater um papo rápido ou trocar um ou dois e-mails com ele para saber, muito basicamente, o que pretende com o site. Isso porque, em determinadas situações, o cliente quer que o seu futuro website tenha alguma especificidade, como, por exemplo, uma área de acesso restrito[5], e isso demandaria outras tantas perguntas que não estão no modelo abaixo.

MODELO DE BRIEFING

(As respostas, fictícias, são para o site de uma rede de restaurantes. Elas estão em itálico apenas para exemplificar.)

I. Ramo de atuação e tempo de mercado:

Alimentação (restaurante). 16 anos.

---

[5] Veja mais sobre área de acesso restrito no Capítulo 9 – "Nem tudo o que está na internet são websites".

2. Número de filiais/franquias:

5 unidades.

3. Produtos e/ou serviços oferecidos pela empresa (ou pelo profissional):

Serviço à la carte. Especialidade em carnes nobres.

4. O site conterá algum outro tipo de interação (exemplo: comércio eletrônico / suporte online / sistema de notícias / blog / etc)?

O site terá um sistema de notícias, onde serão veiculadas as promoções e novidades da rede.

5. Endereço do site atual (caso exista):

Não existe site atual.

6. Vantagens/desvantagens sobre os concorrentes:

Vantagens: atendimento e produtos de excelência, tempo de mercado e clientela fiel.

Desvantagens: atuação somente no Rio de Janeiro.

7. Referências de sites (do mesmo ramo / segmento):

www.sitemesmoramo1.com.br e www.sitemesmoramo2.com.br

8. Referências de sites (de outro ramo / segmento):

www.siteoutroramo1.com.br e www.siteoutroramo2.com.br

9. Objetivos a serem alcançados (informe pelo menos um objetivo — ex. informar sobre produtos/serviços; mostrar portfólio; ou qualquer outro que seja o objetivo principal, que estimulou a empresa a contratar o desenvolvimento de um website):

Informar aos clientes sobre os endereços, cardápios, serviços de delivery e promoções.

10. Público-alvo:

Pessoas de todas as idades, em especial, famílias.

11. Conteúdo do site (seções do site — ex. Institucional / serviços / cases / contato)

História da rede, localização das unidades, novidades e promoções, conteúdo dos cardápios (sem os preços), informações sobre delivery e reservas, clipping e contato.

12. Imagem a ser transmitida para os usuários:

Qualidade, tradição, bom atendimento, variedade e sabor.

13. Objeções (caso existam):

Apesar de ser especializada em carnes nobres e isto está muito associado a carnes vermelhas, não gostaríamos que a informação fosse restrita a esse tipo de prato, uma vez que há opções de frutos do mar, peixes e aves.

14. Quanto ao conteúdo, informe:

a) Logo da empresa / do profissional
   (x) será fornecida em formato digital
   (   ) precisará ser desenvolvida

b) Fotos
   (x) serão fornecidas em formato digital
   (   ) serão fornecidas em formato impresso
   (x) precisarão ser produzidas por profissional

c) Textos
   (   ) serão fornecidos em formato digital (word)
   (x) dados precisarão ser apurados e redigidos

d) Áudios

( ) serão fornecidos em formato digital (mp3, ra, wav) já editados (com cortes e fades)

( ) serão fornecidos em CD, devendo ser convertidos e editados

(✗) não haverá áudios no site

e) Vídeos

( ) já estão publicados na internet (YouTube / Vimeo / outros)

( ) serão fornecidos em formato digital (mídia física: DVD, Blu-Ray)

( ) serão fornecidos em formato digital (mov, avi, mp4, mpeg)

( ) serão fornecidos em VHS

(✗) não haverá vídeos no site

f) Idiomas

(✗) o site será apenas em português

( ) o site terá mais de um idioma
(informar quantos idiomas e quais serão)

g) Traduções

( ) as traduções serão fornecidas em formato digital (Word)

( ) precisarão ser produzidas por profissional

(✗) não serão necessárias

15. **Observações:**

A rede possui um personagem (um tourinho) e gostaríamos de usar esta imagem. Além disso, gostaríamos que o site valorizasse as imagens dos pratos para instigar o paladar.

IMPORTANTE: Assim como no caso do nosso cliente "Banda de Rock", na vida real, raramente os briefings vêm preenchidos de forma tão clara e completa. Muitas vezes, precisaremos fazer algumas interações até conseguirmos tirar respostas satisfatórias do cliente.

Vamos agora analisar cada uma das respostas e ver o que cada uma delas nos diz, de verdade:

---

1. Ramo de atuação e tempo de mercado:

Alimentação (restaurante). 16 anos.

Identificamos o segmento e vamos nos informar a seguir sobre quais as características para o desenvolvimento de uma solução mais de acordo com as estratégias de posicionamento da empresa. Em segundo lugar, a informação sobre o tempo de mercado, nesse caso, é um elemento valioso: por tratar-se de uma rede com 16 anos de mercado, o desafio não é construir uma imagem, mas transferir para o ambiente da internet todo o ativo que este tempo trouxe de positivo nesses anos de existência. A vantagem, nesse caso, deve-se ao fato de que uma empresa com este tempo de atuação tem mais a dizer sobre si, sobre sua trajetória, qualidade e tradição.

---

2. Número de filiais/franquias:

5 unidades.

Essa informação nos dá dimensão do porte e da abrangência geográfica do grupo. Em sendo uma rede de restaurantes com 5 filiais, haverá a necessidade de uma atenção especial na questão da localização, a fim de que o interessado possa encontrar facilmente a unidade mais próxima de si. Além disso, como temos essa multiplicidade de endereços, é importante verificar se todas as filiais oferecem as mesmas opções nos cardápios, salientando eventuais diferenças entre eles; se as promoções anunciadas são válidas em toda a rede ou não; se o horário de funcionamento de todas as unidades é o mesmo ou se existem diferenças entre eles etc. Enfim, temos que cuidar para que as informações dadas aos clientes internautas sejam as mais precisas, tomando sempre o cuidado de individualizar as informações específicas de cada unidade, todavia, ressaltando aquilo que caracteriza os restaurantes como uma rede.

3. Produtos e/ou serviços oferecidos pela empresa (ou pelo profissional):

Serviço à la carte. Especialidade em carnes nobres.

Em alguns casos, a resposta a esta pergunta trará para nós o dado mais importante do site, em torno do qual todas as demais seções do mesmo gravitariam. Caso se tratasse de um site de uma clínica veterinária, por exemplo, esta informação seria a origem da seção, que poderia esclarecer a praticamente todas as questões do internauta, pois falaria das especialidades e dos procedimentos oferecidos. Todas as demais informações do site derivariam daí.

No caso do site do nosso cliente "Rede de Restaurantes", especificamente, esta resposta tem um cunho mais geral, pois informa o segmento (restaurante), tipo de serviço (à la carte) e a especialidade culinária (carnes nobres). Todavia, pelas características deste tipo de negócio e, também, por se tratar de uma rede, hierarquicamente teremos outras seções tão ou mais relevantes, que tratarão das opções de cardápio oferecidas e localização das filiais.

4. O site conterá algum outro tipo de interação (exemplo: comércio eletrônico / suporte online / sistema de notícias / blog / etc)?

O site terá um sistema de notícias, onde serão veiculadas as promoções e novidades da rede.

A análise das informações fornecidas neste item dará a dimensão, a complexidade e a ideia da dinâmica de atualização que o site demandará. A partir dessas informações, poderemos definir estratégias, como adoção de um CMS (Content Management System — ou Gerenciador de Conteúdos[6]) e escolher melhor as tecnologias que servirão de base para o desenvolvimento de nosso projeto. Também nos dá indícios sobre serviços adicionais que nosso contratante precisará no futuro e que poderemos oferecer a ele, como produção de conteúdo e manutenção do site.

5. Endereço do site atual (caso exista):

Não existe site atual.

No nosso exemplo, o website que desenvolveremos será o primeiro deste nosso cliente. Em outros casos, poderá ser uma nova versão de outro que já esteja no ar. Se esse segundo caso ocorrer, será uma ótima oportunidade para avaliarmos as qualidades e problemas da versão atual do site de nosso cliente. É muito importante conversarmos bastante com ele sobre o conteúdo atual e analisarmos sua audiência para entendermos quais as tendências dos visitantes do mesmo. Não é porque faremos uma nova versão que teremos que mudar tudo. Pergunte ao seu cliente o que ele gosta e o que não gosta na versão atual do site. Além

---

[6] Falaremos mais sobre Gerenciadores de Conteúdo no Capítulo 7 – Tecnologias.

disso, faça uma profunda análise e tente se colocar no lugar do internauta para avaliar o site pela ótica de quem está à procura de algum conteúdo. Isso fará com que você veja as eventuais virtudes existentes e possa ter novas ideias para o upgrade que será o novo website que produzirá.

6. Vantagens/desvantagens sobre os concorrentes:

Vantagens: atendimento e produtos de excelência, tempo de mercado e clientela fiel.

Desvantagens: atuação somente no Rio de Janeiro.

O objetivo principal desta pergunta é extrair do seu cliente os pontos que devem ser valorizados no conteúdo (vantagens). Ao mesmo tempo, dar a você a consciência dos "calcanhares de Aquiles" do negócio do seu cliente. Alguns itens que ele possa indicar como "desvantagens" poderão ser abordados sob uma ótica diferente e criativa. Tire vantagens disso. Veja o nosso exemplo: o cliente diz que sua desvantagem é "atuação somente no Rio de Janeiro". Podemos abordar este limite geográfico de forma positiva, dizendo, por exemplo, que é o melhor restaurante de carnes nobres da cidade.

7. Referências de sites (do mesmo ramo / segmento):

www.sitemesmoramo1.com.br e www.sitemesmoramo2.com.br

Temos que deixar bem claro para o nosso cliente que o objetivo de pedir essas referências não é copiar o que os seus concorrentes estão fazendo, mas saber o que ele considera como boas referências em seu segmento. Serão informações valiosas para pensar criativamente o website dele, avaliando as tendências da presença do seu segmento na internet. Um detalhe importante: caso aquilo que o seu cliente considere como sendo boas referências sejam, na sua opinião profissional, exemplos ruins, não se furte de falar com ele, apontando os problemas que você vê e explicando as desvantagens de se adotar o mesmo viés para o projeto dele. Vamos exemplificar: o seu cliente adorou um site que tem uma introdução em flash, com aquele maldito botãozinho "pular introdução". Cabe a você explicar que, no tempo das cavernas da internet, isso já era uma prática detestável, que tomava o tempo do internauta e nada tinha a acrescentar que justificasse a sua apresentação. É claro que esse é um exemplo radical, mas você, como profissional, tem o compromisso de indicar para o seu cliente as melhores práticas que farão o investimento dele dar o retorno desejado.

8. Referências de sites (de outro ramo / segmento):

www.siteoutroramo1.com.br e www.siteoutroramo2.com.br

Aqui, cabem as mesmas observações do item 7, com a ressalva de que observaremos outros tipos de conteúdo, já que essas referências são de segmentos distintos ao do nosso cliente. Assim sendo, algumas das soluções adotadas pelos sites-referência podem ser muito boas para aquilo que eles se propõem e podem, todavia, não se adequarem àquilo que o nosso cliente oferecerá de conteúdo. Aproveite essas referências que o seu cliente deu e converse com ele sobre o que ele gostou (se foram as cores, o tipo de navegação, algum item específico, como uma galeria de imagens ou vídeos etc) e tente ver se, de alguma forma, elas se aplicam ao que você vai desenvolver. Caso não se apliquem, essa é a hora de dizer e justificar ao cliente os motivos. Certamente, você não vai copiar o site alheio e nem é isso que o cliente espera que faça[7], porém as referências servem de guia, de ponto de partida.

---

9. Objetivos a serem alcançados (informe pelo menos um objetivo — ex. informar sobre produtos/serviços; mostrar portfólio; ou qualquer outro que seja o objetivo principal, que estimulou a empresa a contratar o desenvolvimento de um website):

Informar aos clientes sobre os endereços, cardápios, serviços de delivery e promoções.

Este item é importante para nos indicar as expectativas iniciais do cliente para com o seu futuro website. É um norte para nós e também é uma ótima oportunidade para que possamos introduzir algumas ideias criativas para o cliente, ampliando os resultados que possam advir do site. Observamos que o cliente deseja fazer do seu site um canal de informações sobre a rede, localização de suas unidades e o que oferece regular e promocionalmente. Para este último objetivo, poderíamos sugerir ao cliente uma ação conjugada de divulgação dessas promoções, através de um sistema de newsletters e integração com as redes sociais dele. A adoção dessas opções, todavia, dependeria de uma avaliação junto ao cliente sobre as estratégias e logística decorrentes, como a contratação junto a terceiros de um serviço para gerenciamento das newsletters (lista de contatos e agendamento do e-mail marketing) e de um eventual contrato de manutenção para a criação dessas peças de divulgação, do gerenciamento e da interação nas redes sociais.

---

[7] Já tive, infelizmente, a oportunidade de ser abordado por um quase-cliente, que queria que o design de um site de terceiros fosse copiado. Tentei reverter, gentilmente, explicando que seria muito melhor para ele ter uma solução exclusiva e que a cópia infringiria a questão autoral e de copyright, e que também eu, por princípios, não trabalharia dessa forma, mas não adiantou. Resumo: não fechamos.

> **10. Público-alvo:**
>
> Pessoas de todas as idades, em especial, famílias.

Esse tipo de informação, conforme abordamos no Capítulo 2, nos permitirá traçar as melhores estratégias para que o conteúdo do site chegue aos internautas da forma mais direta, adequada e agradável. Aqui, estão importantes informações, que nos darão diretrizes para indicar que tipos de linguagem adotar para poder comunicar com eficiência e eficácia[8] e, como consequência, para alcançar com êxito os objetivos do site.

A resposta de nosso cliente indica que ele deseja falar com todos os públicos, sem distinção de idade, porém, ele está indicando, possivelmente pelas características já observadas nos anos de existência da rede, que a frequência maior é de famílias e é neste público que ele deseja dar maior foco.

> **11. Conteúdo do site (seções do site — ex. Institucional / serviços / cases / contato)**
>
> História da rede, localização das unidades, novidades e promoções, conteúdo dos cardápios (sem os preços), informações sobre delivery e reservas, clipping e contato.

Não se trata de pedir ao cliente para que ele faça o sitemap, mas certamente as informações aqui fornecidas nos darão indícios dos elementos que o cliente considera importantes colocar em seu website. Em alguns casos, pode acontecer de o cliente praticamente nos indicar todos os elementos que entrarão em

---

[8] Para Peter Ferdinand Drucker, considerado o pai da Administração Moderna, "a eficiência consiste em fazer certo as coisas e a eficácia em fazer as coisas certas" (*"Efficiency is doing things right; effectiveness is doing the right things"*).

seu site. Isso, por um lado, nos facilitará bastante, mas, por outro, exigirá de nós uma análise mais aprofundada para ver se há algo a ser acrescentado, aglutinado ou suprimido, alternando a nossa perspectiva com a perspectiva do cliente e a perspectiva do consumidor final que visitará o site em busca de informações. Dessa forma, poderemos chegar a um bom termo. Haverá casos, não raros, de o cliente não nos informar detalhadamente o conteúdo que espera ter em seu site. Deveremos, então, conversar mais com ele, tentar tirar um pouco mais de informação e aproveitar este momento de diálogo para sugerir uma estrutura básica[9].

---

12. Imagem a ser transmitida para os usuários:

Qualidade, tradição, bom atendimento, variedade e sabor.

Esse ponto é bastante subjetivo, mas é relevante por apontar os valores que devem ser passados, em especial no que se refere ao design (cores, elementos gráficos e imagens). Para não nos perdermos em divagações teóricas, basta imaginar dois websites distintos: o de um escritório de advocacia e um de esportes radicais. Certamente, haverá elementos que serão considerados imprescindíveis para um caso, despropositados para outro e vice-versa. O bom senso, mais uma vez, será um excelente conselheiro para a adoção das opções mais adequadas para cada caso.

---

[9]   Uma estrutura completa e detalhada do projeto será proposta ao cliente em um sitemap, quando da contratação efetiva do trabalho, como primeira ação. Trataremos com detalhes deste processo no próximo capítulo.

13. Objeções (caso existam):

Apesar de ser especializada em carnes nobres e isto está muito associado a carnes vermelhas, não gostaríamos que a informação fosse restrita a esse tipo de prato, uma vez que há opções de frutos do mar, peixes e aves.

Muitas vezes, o cliente nos responderá: "sem objeções". Na minha experiência particular, é uma resposta que recebo em mais de 90% dos casos. Isso ocorre porque, na hora de preencher o formulário de briefing, não vem à mente do cliente algo que ele considere uma restrição. Mais à frente no projeto, todavia, poderemos nos deparar com comentários ou observações do cliente, que trarão à tona alguma objeção a uma cor, a algum elemento gráfico, conceito ou imagem. Isso é normal e provavelmente acontecerá. Temos que levar em conta que a tomada de briefing nos dará direções a serem seguidas e uma visão geral do projeto, o que nos permitirá avaliá-lo e mensurar os esforços que serão empreendidos para sua execução. Ela, todavia e, de certo modo, infelizmente, não trará todas as respostas. Por isso, durante o processo, alguns itens deverão ser flexibilizados em decorrência de novas informações que surjam nas etapas de produção. Avalie qual o nível de flexibilização factível para você e deixe claro para o cliente que, caso a mudança fuja de determinado eixo preestabelecido entre vocês, isso poderá acarretar custos extras.

14. Quanto ao conteúdo, informe:

a) Logo da empresa / do profissional
(x) será fornecida em formato digital
(   ) precisará ser desenvolvida

b) Fotos
(✗) serão fornecidas em formato digital
( ) serão fornecidas em formato impresso
(✗) precisarão ser produzidas por profissional

c) Textos
( ) serão fornecidos em formato digital (word)
(✗) dados precisarão ser apurados e redigidos

d) Áudios
( ) serão fornecidos em formato digital (mp3, ra, wav) já editados (com cortes e fades)
( ) serão fornecidos em CD, devendo ser convertidos e editados
(✗) não haverá áudios no site

e) Vídeos
( ) já estão publicados na internet (YouTube / Vimeo / outros)
( ) serão fornecidos em formato digital (mídia física: DVD, Blu-Ray)
( ) serão fornecidos em formato digital (mov, avi, mp4, mpeg)
( ) serão fornecidos em VHS
(✗) não haverá vídeos no site

f) Idiomas
(✗) o site será apenas em português
( ) o site terá mais de um idioma
     (informar quantos idiomas e quais serão)

g) Traduções
( ) as traduções serão fornecidas em formato digital (Word)
( ) precisarão ser produzidas por profissional
(✗) não serão necessárias

Neste item, teremos perguntas que irão nos indicar a forma como o conteúdo bruto nos será entregue. A partir das respostas de cada item, poderemos mensurar o trabalho adicional e a eventual contratação de terceiros para a realização de determinadas tarefas como, por exemplo, digitalização de vídeos ou tradução de textos. Deixe claro que esses serviços deverão ser contratados à parte junto a terceiros ou pagos adicionalmente, caso você mesmo forneça algumas dessas soluções.

---

15. Observações:

A rede possui um personagem (um tourinho) e gostaríamos de usar esta imagem. Além disso, gostaríamos que o site valorizasse as imagens dos pratos para instigar o paladar.

Esse é um campo livre e nem sempre o cliente o preenche. É importante, todavia, para que ele nos dê alguma informação adicional que não tenhamos perguntado anteriormente.

Nosso cliente possui um personagem, o que pode nos dar muitas possibilidades na hora de desenvolver o visual e criar a iconografia. Avalie este mascote e veja se precisa ser modernizado. Lembre-se de repassar ao cliente os custos eventuais com ilustrador, caso isso não esteja incluído em seu contrato.

Sobre o segundo item indicado, aproveite a oportunidade para conscientizar o cliente de que um investimento em fotografias de qualidade, feitas por profissionais, é fundamental para que se possa transmitir os conceitos de qualidade e para instigar o paladar, como ele deseja. Como a internet (ainda) não tem cheiro nem sabor, reforce a ideia de que uma fotografia de prato amadora, malfeita ou mal produzida poderá causar o efeito inverso ao desejado. Uma boa maneira de argumentar é mostrar exemplos bons e ruins e perguntar qual tipo de resultado ele gostaria de ter em seu site.

Agora que avaliamos o questionário de briefing e suas respectivas respostas, uma curiosidade: enquanto eu escrevia este capítulo, recebi de um cliente da área médica um documento emitido pelo Conselho Federal de Medicina com uma série de diretrizes e restrições, que visam a regrar a forma como esses profissionais devem (ou não) se promover em peças publicitárias nas diversas mídias, inclusive na internet. Em vista disso, é muito importante estar sempre bem informado sobre esse tipo de regulamentação de órgãos de classe, em especial quando vamos desenvolver um website para clientes, cujos códigos de ética possuam algum tipo de rigidez, como médicos, dentistas, advogados, entre outros. Se o briefing analisado neste capítulo fosse, por exemplo, de um consultório de um cirurgião plástico, além de respostas naturalmente bem diferentes, teríamos que avaliar eventuais restrições impostas em geral pelo Conselho Federal (ou Conselhos Regionais) de Medicina, bem como, em particular, pela Sociedade Brasileira de Cirurgia Plástica (SBCP).

Uma pergunta que talvez você esteja se fazendo: quando enviar para o cliente o formulário de briefing? Antes ou depois do fechamento do trabalho? O meu conselho é que você envie para o seu (atual/futuro) cliente no momento em que ele faz o primeiro contato, dizendo querer fazer um website; ou seja, antes de você formular a proposta. Isso porque, além de nos dar elementos sobre o trabalho que eventualmente faremos, o formulário de briefing nos dá informações valiosas para podermos avaliar o tempo, o esforço, os profissionais e as tecnologias que serão necessários no processo e isso é tudo o que precisamos para a formação do preço e definição do cronograma.

Bem, agora que já temos o briefing preenchido em mãos e o cliente já aprovou nossa proposta (e pagou o sinal), vamos à primeira etapa do processo de construção do site: o sitemap.

O SITEMAP (A TEORIA DO SUPERMERCADO): PENSANDO CRIATIVAMENTE O MAPA DO SITE

UMA VEZ, QUANDO EU AINDA estava na escola, ouvi de um professor algo surpreendente. Ele disse que, no supermercado, todas as coisas que você já ia comprar mesmo, como o feijão, por exemplo, ficam lá no fundão e aquilo que seria supérfluo e que muito provavelmente você não compraria, como o bombom, por exemplo, fica perto da fila do caixa, preferencialmente na altura das mãos das crianças. Eu, no alto dos meus 13 anos, fiquei chocado com a revelação daquilo que chamei mais tarde de "teoria do supermercado".

Pois bem, o que vamos fazer agora é colocar a teoria do supermercado em prática no nosso website, através da elaboração do sitemap. Um bom sitemap é aquele que coloca o feijão no lugar onde o cliente já ia mesmo buscá-lo e coloca o bombom em destaque, na altura das "mãos" dele. O desafio é descobrir o que é o "feijão" e o que é o "bombom" e, para isso, é fundamental pensar o sitemap sob três perspectivas: a do cliente, a do consumidor final (internauta) e a do mercado (concorrência). Obteremos sucesso se, avaliado sob essas três perspectivas, o sitemap organizar e distribuir os conteúdos de modo a ser considerado eficaz.

Já que estamos fazendo analogias, podemos dizer que o briefing nos dá a lista de ingredientes e o sitemap será a receita do nosso prato. Saindo das analogias, o sitemap é uma representação gráfica e hierárquica da distribuição das seções do nosso site. Através dele, poderemos ter uma ideia de como o conteúdo ficará disposto e em quais níveis cada uma das seções estará situada.

Como os sitemaps podem ser extremamente diferentes uns dos outros, de acordo com o tipo de negócio, porte ou estratégia da empresa para a qual está se produzindo o website, poderemos ter uma visão muito mais definida desta fase do processo fazendo um exercício prático. Para isso, vamos utilizar o exemplo daquele nosso cliente da rede de restaurantes e imaginar como poderíamos desenvolver o sitemap do website dele, a partir das informações fornecidas no briefing.

No item II do briefing, nosso cliente nos sugeriu que as seções que comporiam o site dele seriam:

• História da rede;

• Localização das unidades;

• Novidades e promoções;

• Conteúdo dos cardápios (sem os preços);

• Informações sobre delivery e reservas;

• Clipping;

• Contato.

Temos que ter em mente que, ao distribuir este conteúdo hierarquicamente, teremos que entregá-lo de forma ágil e satisfatória para públicos com diversos perfis de interesse que acessarão o site. Como, na prática, só saberemos de verdade qual será este público depois do site ser lançado, o que temos que fazer é um exercício de análise e criatividade para imaginar o que levaria uma pessoa a um site de um restaurante e o que ela esperaria encontrar lá. Vamos, então, soltar a nossa imaginação e definir estes perfis:

Nunca foi ao restaurante e está no site pela primeira vez

Esse indivíduo pode ter chegado ao site através de uma pesquisa em ferramentas de busca, ou pela indicação de um amigo, ou, ainda, por ter visto um anúncio do restaurante num jornal ou outdoor, por exemplo. Podemos imaginar, então, que esta pessoa busca saber qual das filiais do restaurante fica mais próxima dela, que tipo de comida é servido e como é a "cara" do restaurante. Vamos lembrar que esta pessoa, assim como qualquer um de nós que visite um site, não ficará lá mais do que alguns minutos. Então, ela tem que encontrar com facilidade as seguintes seções: *Localização* (onde está e como chegar lá, além de informações sobre estacionamento, proximidade com estações de metrô etc), *Cardápio* (específico daquela filial, caso existam diferenças entre as opções oferecidas em cada unidade, ou acessará um cardápio único da rede) e *Fotos* (esta última pode ser uma galeria de imagens separadas por filial ou podem ser imagens que ilustrem os diversos conteúdos do site).

Já foi ao restaurante, mas está no site pela primeira vez

Os objetivos deste internauta podem ser os mais diversos, mas podemos imaginar que ele está em busca, por exemplo, do telefone da sua unidade de preferência para fazer uma reserva ou um pedido para o delivery. Pode ser também que ele esteja planejando um almoço ou jantar e quer saber se há alguma promoção na rede ou na unidade em que ele pretende ir. As seções de preferência deste cliente seriam *Delivery* ou *Reservas* (onde ele encontraria informações detalhadas sobre a disponibilidade e regras de um ou outro item), *Localização* (não para saber como chegar, mas para obter os telefones daquela filial) e *Novidades e Promoções* (para se informar sobre os descontos ou ofertas disponíveis na unidade em que deseja ir).

Já foi ao restaurante e já visitou o site outras vezes:

Esse perfil se confunde um pouco com o perfil "B", no que se refere aos conteúdos que vai buscar, com a diferença de que ele tem familiaridade com o website, o que pode tornar a visita mais breve, uma vez que saberá onde encontrar a informação que deseja. O visitante recorrente possui uma fidelidade com a marca e isso faz com que o site, com as redes sociais, seja uma boa fonte online de atualização sobre as ações que aquela empresa está promovendo (lançamentos, promoções, avisos sobre horários especiais de funcionamento em feriados prolongados etc). Ultimamente, as redes sociais têm tido um papel importantíssimo na atualização desses conteúdos. Dependendo de como gerenciadas, as atualizações através das redes sociais podem diminuir a audiência do seu site. Cabe a você, caso ofereça este serviço, ou a equipe que trabalhar com o gerenciamento de mídias sociais do seu cliente, criar ações que entreguem parte da informação, fazendo com que o internauta busque o complemento da mesma no site. Nesse caso, o efeito será o inverso; ou seja, haverá um aumento exponencial de visitas vindas a partir das atualizações dos perfis sociais da empresa.

Um parêntese importante: os perfis descritos acima são hipotéticos e restritivos. Se fôssemos imaginar e classificar todos os comportamentos possíveis dos visitantes deste ou de qualquer outro site, faltariam letras no alfabeto para nomear os perfis. Além do mais, esse é um trabalho dinâmico e constante, que deve ser frequentemente avaliado, através de um monitoramento das estatísticas de visitas do site, utilizando-se ferramentas como o Google Analytics, e combinando essas informações com o feedback da empresa dona do site sobre os resultados práticos que essas ações on-line tiveram sobre seu aumento de vendas.

Dito isto, fechamos o parêntese e vamos desenhar o sitemap da rede de restaurantes.

O primeiro desafio, neste nosso exemplo, é pensar em como dispor as informações que valerão para toda a rede, conjugadas com as informações que são específicas de cada filial. Algumas empresas adotam em seus websites uma estratégia interessante de pedir ao internauta, logo na página inicial, que indique qual o seu estado e cidade, ou seu CEP e, após isso, exibem o conteúdo adequado aos clientes daquela região geográfica. Outras empresas utilizam um script de geolocalização, que, normalmente através do IP, identificam de onde está acontecendo este acesso e fazem a filtragem do conteúdo. Calma, porém, pois não precisamos chegar a tanto no nosso site-exemplo. Até porque, em se tratando de uma rede com todas as suas unidades localizadas dentro de uma única cidade, muito provavelmente os mesmos clientes poderão ser frequentadores de duas ou mais filiais.

Então, poderemos traçar duas linhas de raciocínio e optar por aquela em que a navegação se mostre com menos degraus e que entregue de melhor forma o conteúdo, tanto do ponto de vista do internauta (atendendo suas expectativas e dando a informação que ele foi buscar) quanto da empresa (fornecendo as informações que, em última instância, convertam o visitante do site em consumidor da marca).

A primeira linha de raciocínio, nesse nosso caso fictício, seria fazer o internauta navegar pelas filiais. Por exemplo, ele escolheria a filial n° 2 e, dentro dela, encontraria as informações específicas de localização, cardápio, promoções, delivery e reservas, como podemos ver no gráfico a seguir:

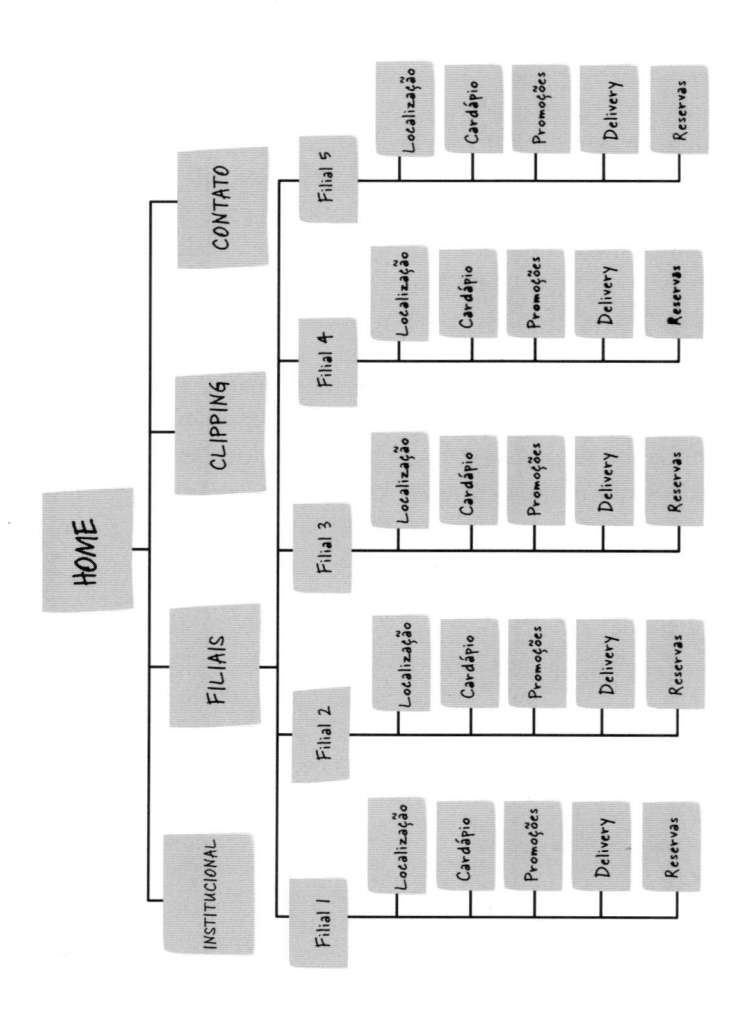

Vamos analisar esta solução. A despeito de guiar bem o internauta e segmentar de forma bem organizada o conteúdo, de cara, vemos que o modelo de sitemap apresentado acima possui alguns problemas. O primeiro deles é dar a sensação de que temos cinco sites dentro de um e de que todas as filiais possuem total independência de conteúdo, tirando, ou no mínimo enfraquecendo, o conceito de rede. O segundo problema que pode ser observado é que, nesta disposição, seções importantes que deveriam ficar em primeiro nível, acabam ficando escondidas. Vamos lembrar da teoria do supermercado: nós (e principalmente o dono do restaurante) queremos que, no final das contas, o internauta vá até uma das filiais para almoçar, jantar ou, no mínimo, fazer um happy hour. Dar a informação clara de como chegar até a filial é o bombom (ou é, pelo menos, um deles) que tem que ficar na altura das mãos do internauta.

Na segunda linha de raciocínio, poderíamos inverter o ponto de vista, dando visibilidade para as seções mais importantes e segmentando os conteúdos que apresentam características individuais e que são diferentes em cada filial. Veja no gráfico abaixo este novo modelo:

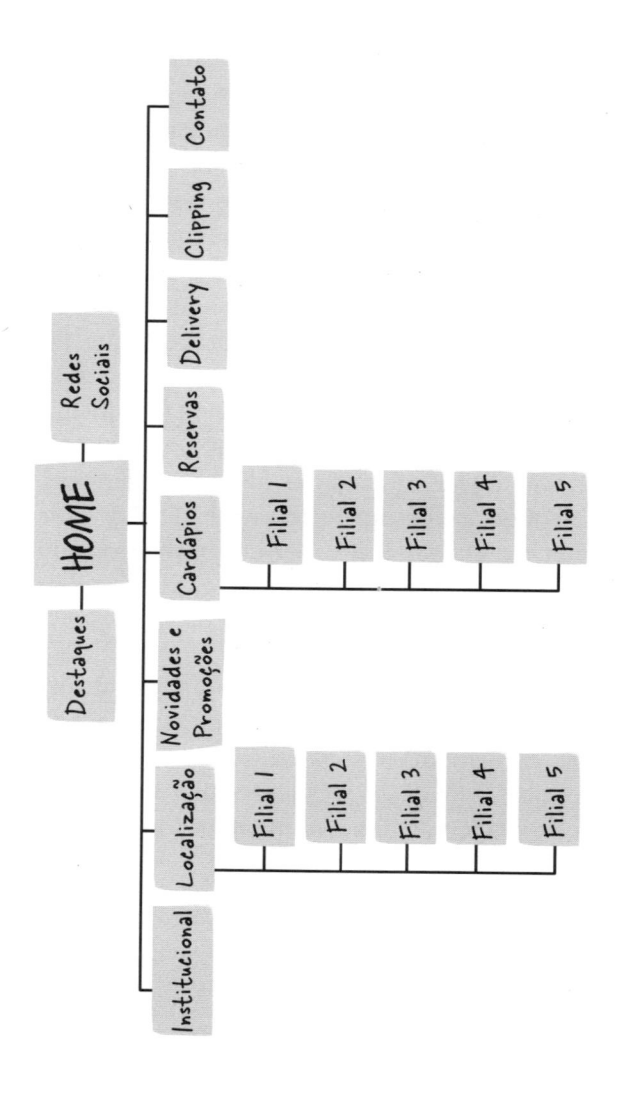

Neste novo modelo, podemos observar que a estrutura ficou, no mínimo, mais enxuta. Isso significa, entre outras coisas, que a possibilidade de o internauta se perder é bem menor. Vamos avaliar item a item:

Institucional

É normalmente um texto que conta um pouco da história da empresa, com uma ou mais fotos, e que serve para dar mais credibilidade ou, neste caso, agregar os valores que o cliente disse que seriam importantes, como a tradição e a qualidade do atendimento. Nem sempre, ou quase nunca, esse conteúdo é lido, mas precisa estar presente para os interessados nas informações ali contidas, tanto quanto para que este texto possa ser rastreado pelos sites de busca. Como a sugestão é que esteja escrito neste texto que aquele é "o melhor restaurante de carnes nobres da cidade", isso poderia aparecer como resultado de alguma busca e, eventualmente, trazer novos visitantes para o site e, com alguma probabilidade, para o restaurante físico.

Localização

No gráfico, a representação sugere que a seção se desdobre em cinco páginas, uma para cada filial. Nesse caso, podemos optar por esta forma ou por uma mais simples, onde as informações (endereço, telefones, mapa e horário de funcionamento) das cinco unidades estejam dispostas numa única página. Cabe conversar com seu contratante sobre os prós e os contras de cada uma das formas de organizar este conteúdo.

Podemos fazer um rápido exercício de análise e levantar os pontos positivos e negativos de cada estratégia de distribuição desse conteúdo: como pontos positivos de se dividir o conteúdo em páginas individuais para cada filial, poderíamos dizer que, desta forma, não haveria a situação de que a primeira filial aparecesse com mais destaque que a segunda, nem a terceira tivesse menos visibilidade que as anteriores ou que a quinta ficasse com a visibilidade desprivilegiada em relação às demais, por estar depois da dobra da página (primeira rolagem). Por outro lado, colocar todo o conteúdo em uma única página traria como vantagem o fato de se apresentar todas as opções de uma única vez para o cliente, permitindo uma tomada de decisão a partir da comparação (por exemplo, a filial I é mais próxima da casa dele, porém o horário de funcionamento da filial 2 é mais extenso e, a despeito de ser mais longe, tem estacionamento). Essas decisões, de qualquer forma, devem ser tomadas com o seu contratante, a partir de uma análise em que você e ele (ou sua equipe e a equipe dele) conversem e pesem os argumentos de uma e de outra opção.

Novidades e Promoções

Você pode estar se perguntando o porquê de, nesta segunda versão do sitemap, não haver uma separação desta seção por filiais. Primeiramente, para fortalecer o conceito de rede dos restaurantes. Em segundo lugar, porque nem todas as unidades estarão com promoções disponíveis a todo momento e, de acordo com o público e a região geográfica de cada unidade, uma delas poderia ter um volume de promoções bem grande, ao passo que uma outra filial poderia ter promoções apenas sazonalmente. Isso causaria, no internauta que visitasse com recorrência o site, a impressão de ser mais vantajoso frequentar a primeira filial do que esta segunda.

Um cuidado importante deve ser tomado nesse caso: ao dispor, numa mesma seção, todas as promoções de rede, misturadas com as que acontecem especificamente em uma ou outra filial, é importante que se coloque em destaque as regras das promoções (dias e horários em que acontecem, filiais participantes, pré-requisitos etc) para que as informações sejam claras e para que isso não cause mal entendidos, transtornos ou até eventuais problemas jurídicos.

Cardápios

Como a informação é de que os cardápios das filiais não são idênticos entre si, será necessário disponibilizá-los individualmente. Essa disponibilização poderá ser de um link simples para uma versão em PDF do cardápio, como também poderá ser a disponibilização das páginas com as informações dos pratos divididos por categorias (carnes, peixes, aves, frutos do mar, entradas, saladas, sobremesas e bebidas), por exemplo. Combine esse tipo de detalhe com seu contratante ainda na fase de briefing, para não se surpreender com um volume inesperado de trabalho e para não frustrar alguma expectativa que ele tenha.

Reservas

Neste caso, deverá ser verificado com o seu cliente se as reservas são centralizadas na matriz ou se são organizadas e gerenciadas por cada filial autonomamente. Caso o seu cliente não tenha um sistema on-line de reservas (possivelmente não terá), é suficiente colocar uma página com as regras (ex.: *As reservas estão disponíveis em todas as unidades, de segunda a quinta, até as 19h. As mesmas deverão ser feitas com, no mínimo, duas horas de antecedência. Haverá um limite de tolerância de 15 minutos.*) e os telefones de cada uma das unidades.

Delivery

Nesta página, também pode-se adotar a mesma lógica da página de Reservas, colocando-se as regras (região geográfica coberta, taxa de entrega, dias e horários em que o serviço está disponível, tempo médio para recebimento etc) e os telefones individuais de cada uma das unidades que disponibilizam o serviço de entregas.

Clipping

Nosso cliente, pelos anos de mercado e prestígio que tem, possui diversos recortes de jornais e publicações on-line com matérias que citam os restaurantes direta ou indiretamente. Colocar essas reproduções das matérias no site agrega valor e prestígio. Todavia, a colocação tem que ser pensada, de modo que o conteúdo possa ser lido tanto por humanos quanto por robôs dos sites de busca. Então, a melhor forma de dispor as imagens digitalizadas dos recortes é organizá-las por ordem cronológica e, sempre que possível, colocar uma transcrição do texto ao lado da reprodução da imagem de cada matéria.

Contato

Normalmente, trata-se de uma página com um formulário de contato. Isso já é o suficiente para suprir a expectativa do internauta.

Uma vez terminado o sitemap, é hora de apresentá-lo. Caso você vá pessoalmente fazer esta apresentação, reserve um tempo para explicar detalhadamente todo o diagrama ao seu cliente, para que fique bem claro que tipo de conteúdo cada uma das seções vai apresentar. Se não for possível ir até ele, sugiro que você faça uma espécie de "memorial descritivo" do sitemap, onde descreverá, item a item, o que representa cada um daqueles quadradinhos e o que o seu cliente vai encontrar lá quando o site estiver pronto. Reforce, presencialmente ou por escrito, a importância desta peça na organização dos conteúdos e no processo de produção do website para que ele faça a aprovação de modo consciente e evite mudanças de estrutura nas fases seguintes. Prepare-se, contudo, para uma ou mais sugestões ou alterações que surgirão antes da aprovação final. Veja essa interação de forma positiva: se ele está sugerindo, é porque, no mínimo, está dando alguma importância a esta etapa.

Um detalhe importante que deve ser ressaltado durante a apresentação: exceto você, que desenvolveu o site, (ou sua equipe de desenvolvimento, caso você não trabalhe sozinho), o diretor da empresa e um ou outro funcionário dele que fará isso a pedido do chefe, ninguém mais navegará no site seção por seção. Isso significa que o acesso aos conteúdos procurados se dará de forma não--linear e das maneiras mais diferentes possíveis, de acordo com aquilo que for o interesse do internauta naquele momento. Além disso, se a porta de entrada para o site for a partir de um resultado de uma ferramenta de buscas ou através de um link externo publicado em uma rede social, por exemplo, significa dizer que a navegação poderá se resumir ao acesso estanque àquela página específica ou que o caminho da navegação poderá ser o mais inusitado. Soma-se a isso os hiperlinks que existirão no meio dos conteúdos e que poderão levar para outras seções sem a necessidade de se utilizar a barra de navegação do site para isso (por exemplo, no texto institucional, quando se referir às filiais, poderá haver um hiperlink no nome de cada unidade, que levará para sua respectiva página de localização) encurtando o caminho entre as duas seções. Em suma, é como se colocássemos em nosso supermercado (o da teoria) algumas entradas alternativas e alguns portais de teletransporte no meio dos corredores, que já nos levassem a determinadas seções sem que precisássemos andar por entre as prateleiras. Isso significa que algumas redundâncias de informação poderão ocorrer e serão necessárias para que o visitante que "se teletransportou" não perca alguma informação essencial ligada ao conteúdo que acessou.

A despeito de tudo isso, contudo, a teoria do supermercado não está invalidada e continua sendo uma boa referência para o planejamento da distribuição do conteúdo do site que vamos construir.

Como disse no início deste capítulo, cada sitemap é uma peça única, que será feita a partir de um briefing contendo as necessidades específicas do seu contratante. Ele, o sitemap, pode ser tão diverso e intrincado quanto for a complexidade ou não da estrutura que o seu cliente espera que o site dele tenha. Este, do exemplo que trabalhamos, servirá apenas para você ter uma base de como construir essa peça, a partir daquilo que o seu cliente lhe der, e está longe (muito, mas muito longe mesmo) de ser um padrão ou modelo a ser seguido, pelo simples fato de servir especificamente para este caso em questão. Se alguma coisa merece ser seguida aqui, é o conceito do pensamento crítico e criativo na hora de fazer o sitemap e a consciência de que ele só será bom de verdade se você dialogar com o seu contratante durante este processo.

Antes de concluir, segue a versão mais completa do mapa deste site, desta vez, incluindo indicações de conteúdos que ficarão na home e do detalhamento dos itens de cardápio.

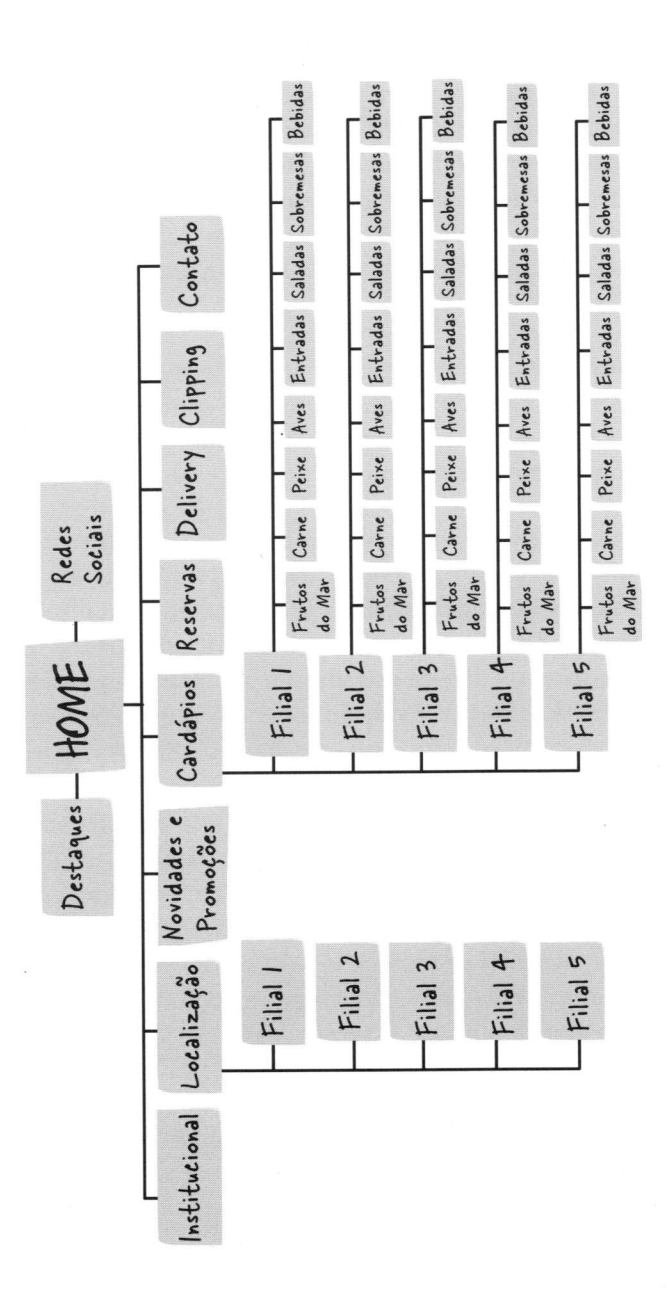

Para terminar, agora que você já sabe o que é, para que serve, como fazer e também já sabe da importância do sitemap, tenho um desafio: em cima do mesmo briefing, tente pensar em uma outra alternativa além dessas apresentadas e crie o seu próprio mapa do site para a nossa rede de restaurantes fictícia.

DESENHO DA INTERFACE

SEGURAMENTE, FOI O DESIGN que me levou para a produção de websites. O ano era 1998, tempos em que a internet ainda era movida a carvão, e eu já atuava na área do design gráfico há, pelo menos, quatro anos. Naquela época, quem produzia sites — erroneamente chamados de home pages aqui no Brasil — eram pessoas egressas da área da informática (termo também muito genérico e que, na época, incluía programadores, técnicos de hardware, técnicos de rede e, às vezes, até simples operadores de computador, chamados assim num tempo em que esta máquina ainda era coisa para especialistas). Essa gente toda era quem criava os sites.

Eu ainda não sabia direito pra que servia um website, mas achei interessante a ideia de colocar o meu portfólio online. O problema é que todos os conhecidos que eu tinha que poderiam me ajudar nesta tarefa, a despeito do conhecimento e boa vontade que tinham, produziam aqueles sites feiosos, cheios de hiperlinks azuis em Times New Roman, num fundo branco ou, quando muito, sobre uma textura de gosto duvidoso, com algumas letrinhas passando num Javascript sem-vergonha, e alguns — alguns não, muitos — gifs animados. Os leitores mais novos podem não ter ideia do que eram aqueles sites, mas ainda hoje é possível encontrar alguns desses exemplares perdidos na web. Mas atenção: são assustadores; se for procurar por algum deles pra ver como eram, faça por sua conta e risco.

Com aquela situação, resolvi eu mesmo tentar aprender a fazer aquele negócio e foi aí que desenhei o primeiro website: o meu próprio. Foi naquele momento que me ocorreu que um website não era uma ferramenta de tecnologia, mas de Comunicação[10], e que havia um potencial muito bacana a ser explorado naquela nova mídia. Na época, conheci um software editor de páginas web, o Adobe PageMill, uma espécie de tataravô do Dreamweaver, que foi um dos primeiros a ser baseado no conceito chamado WYSIWYG — acrônimo de *"What You See Is What You Get"* ou, em bom português, "O que você vê é o que você obtém" —, que era uma ótima ferramenta para ignorantes em programação, como eu. Usando esse aplicativo, a partir de um desenho original feito no Photoshop, desenhei minha primeira interface e consegui publicar meu primeiro website (uhul!).

Agora que já entreguei a idade, vamos voltar para o assunto do livro. Afinal, isso não é uma autobiografia.

Bem, já cumprimos duas etapas importantes no processo de produção do website: a tomada de briefing e a produção do sitemap. De agora em diante, os passos não necessariamente precisam ser seguidos como estão na ordem dos capítulos deste livro (design da interface ➡ coleta/produção do conteúdo ➡ programação ➡ etc). Dependendo do tamanho da sua equipe ou da forma como você acha melhor trabalhar, os passos a seguir podem acontecer com alguma mudança de ordem e alguns podem até ocorrer de forma simultânea. As situações específicas de cada caso, como prazos, dificuldade ou facilidade no acesso ao conteúdo etc, também ajudarão na sua decisão sobre qual estratégia de produção adotar.

Chegou a hora de dar cara ao nosso site e, infelizmente, é só a partir deste ponto que muitos clientes acham que está sendo produzida alguma coisa. Mas vamos lá. Com o

---

[10] Atualmente, este conceito pode parecer bastante óbvio, mas não era nos primórdios da internet, quando muito pouco se sabia sobre aquilo e quando o ambiente era dominado quase que exclusivamente por tecnólogos.

nosso sitemap em mãos, vamos pensar nas estratégias de como organizar o conteúdo dentro da interface, levando em conta o volume das informações, o público ao qual se destina, a matéria-prima visual que você tem (fotos ou ilustrações, além do logotipo da empresa) e, mais recentemente, para quais dispositivos você desenhará o website.

Antes de falar sobre estes itens propriamente, vamos falar do processo. Existe uma discussão, infrutífera, na minha humilde opinião, sobre onde devemos iniciar um processo de design (seja um logotipo, um projeto gráfico para uma revista, seja um website). Alguns designers defendem que um design para ser bom, ou um bom design, para dizer o mínimo, tem que partir de rabiscos e esboços feitos primeiramente com lápis e papel. Defendem, enfim, que essas duas ferramentas são essenciais. Uma vez, vi um post numa rede social que havia uma foto de um lápis pousado sobre um papel em branco numa mesa com uma legenda dizendo algo parecido com "o bom design começa aqui". Não sei bem o que o autor desta imagem quis dizer com aquilo, uma vez que eu acho que um bom design (e o ruim também, aliás) começa mesmo é no cérebro. Já vi coisas espetaculares surgidas diretamente no ambiente digital, para as quais não houve um esboço em papel, como ilustrações e caricaturas feitas pelo designer e amigo Marcos Perrud, da MP Design, feitas utilizando apenas o mouse e um software de ilustração vetorial — a despeito de ele mandar muito bem com o lápis e papel ou com uma mesa digitalizadora também.

Enfim, pegue seu lápis e papel, seu mouse, sua caneta e mesa digitalizadoras, sua cartolina e caneta Bic, seu quadro-negro e giz, ou o vidro traseiro do seu carro cheio de poeira e seu dedo e vamos desenhar a interface.

Uma boa estratégia é fazer, antes de tudo, um wireframe (mas não fique se achando um extraterrestre se você já quiser abrir o Photoshop e começar o desenho à vera por lá; eu mesmo já fiz muita coisa assim). Um wireframe é um esboço onde você define, através de traços simples, o posicionamento de cada um dos elementos que vão compor a interface. Resumidamente, é como se fosse um "esqueleto" ou uma "planta baixa" do seu site, onde, com traços, retângulos e legendas, você marcará as áreas onde os conteúdos do site serão colocados. Ou seja, nessa etapa do processo, não estamos pensando ainda nas cores nem no acabamento gráfico.

Se você não quiser fazer o seu wireframe usando ferramentas analógicas, ou seja, se já quiser optar por desenhá-lo diretamente no computador, poderá fazer isso usando seu programa de ilustração favorito, como o Adobe Illustrator, o CorelDRAW ou outro similar. Já existem, todavia, ferramentas de criação de wireframes online que facilitarão muito a sua vida e agilizarão os seus processos. A boa notícia é que muitas delas são 100% gratuitas e em outras é possível usar uma conta gratuita e migrar para uma conta "Pro", caso você precise de mais recursos. Nesses ambientes, basta criar uma conta, desenhar, salvar o seu projeto e exportá-lo em algum formato que poderá ser utilizado depois no Photoshop, por exemplo. A grande vantagem dessas ferramentas é que oferecem vários elementos pré-definidos, como caixas de texto, menus, ícones etc. Ao utilizá-los, você consegue ter uma visão mais realista e pode trabalhar dentro já dos tamanhos em pixels que estes elementos terão.

Se você está no time daqueles que preferem primeiro trabalhar com lápis e papel, tudo bem, pois as ferramentas online também podem ser muito úteis para você. Basta entrar num desses serviços e reproduzir, naquele ambiente, os esboços e desenhos que fez anteriormente no papel. Qual a vantagem? Primeiro, porque lá você poderá fazer ajustes finos de tamanhos, proporções e grids e, segundo, porque alguns desses serviços permitem que você coloque links e faça pequenas interações, permitindo que, além do esboço, você tenha uma versão de testes da interface.

Veja, abaixo, um pequeno exemplo de um esboço de interface feito utilizando-se a ferramenta **MockingBird** (gomockingbird.com):

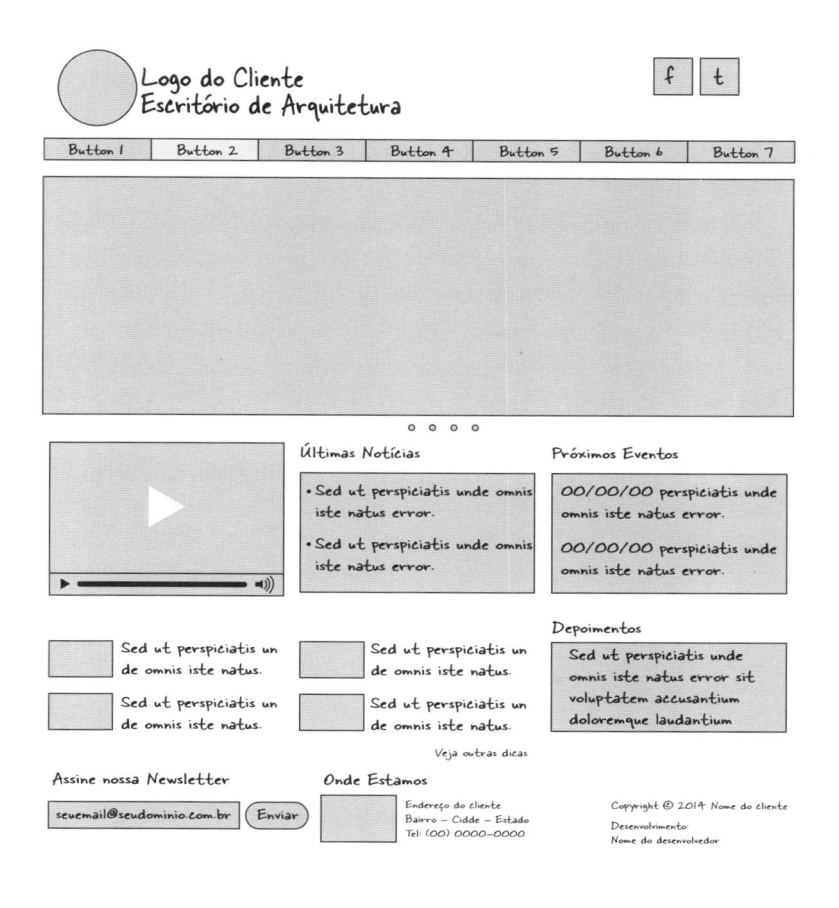

Existem muitos fatores que vão influenciar na forma como você e sua equipe (ou você sozinho) podem trabalhar nesse processo de prototipagem, tais como o prazo, o tamanho da sua equipe, o porte do cliente, entre outras coisas. Existem equipes nas quais o trabalho é executado por grupos altamente especializados, onde o processo é dividido em inúmeras etapas de prototipagem, com análise minuciosa do UX (User eXperience), mockups clicáveis etc. No mundo real de grande parte dos desenvolvedores de websites, em especial os autônomos ou os de pequeno porte, porém, essas etapas não passam de pura lenda ou de luxos[11] aos quais esses profissionais não podem se dar — por questões de orçamento e prazos, principalmente. Isso não significa, entretanto, que a falta de todas essas minúcias não permita que se produzam websites de boa qualidade.

Antes de falarmos do wireframe, eu havia dito que alguns fatores vão influenciar na forma como desenharemos nossa interface. Vamos nos deter um pouco sobre eles, lembrando que não são os únicos. Certamente, haverá outros fatores que também terão sua importância, mas, para sermos objetivos, destacaremos quatro itens: 1) volume de informações; 2) o público a que se destina; 3) a matéria-prima gráfica que você tem (fotos ou ilustrações, além do logotipo da empresa) e 4) para quais dispositivos você desenhará o site.

Vejamos:

---

[11]   De forma alguma estou afirmando que o processo de prototipagem ou qualquer outro recurso que vise a avaliar e aperfeiçoar a experiência do usuário sejam dispensáveis ou que venham a se tratar de firulas. Definitivamente, não é isso. Todavia, estamos falando da realidade de produtores independentes e pequenas agências online, cuja estrutura demanda outro tipo de cadeia produtiva.

Volume de informações: Como nesta etapa já teremos em mãos o sitemap desenvolvido e aprovado, estaremos cientes de quais tipos de informação virão no primeiro nível, no segundo e nos demais níveis, caso existam. No desenho da página inicial, teremos que dispor esses elementos hierarquicamente, de modo que a interface respeite o que foi planejado e transmita isso para o internauta. Em suma, no caso de um sitemap complexo e com muito volume de informação nos primeiros níveis, nosso desafio será organizá-los sem criar poluição visual e sem que os itens menos importantes sobrepujem a atenção dos itens mais importantes. No caso de um sitemap enxuto, o desafio é criar uma interface, onde a eventual escassez do conteúdo não cause a sensação de inconsistência, por exemplo.

Público a que se destina: Já falamos sobre isso lá no início desta obra, mas não custa reforçar aqui. Temos que entender o público a que se destina o site que estamos produzindo e criar um ambiente gráfico em consonância com os valores dele. Se compararmos exemplos extremos, poderemos entender melhor isso: pense num website de um escritório de advogados e depois pense num website de uma banda de heavy metal. Dúvidas?

Matéria-prima gráfica disponível: Seu cliente é, por exemplo, aquela banda de rock independente lá do Capítulo 2 e a rapaziada te deu o desafio de fazer o website deles. Vocês conversaram bastante e você compreendeu que tipo de imagem tem que ser passada, o público a que se destina o site e até achou o som deles bem legal. Seus clientes roqueiros, porém, te entregaram fotos muito amadoras. Como se trata de um site cujo apelo visual é muito forte, uma vez que também a imagem dos integrantes da banda é parte do produto que está sendo vendido, esse fator influenciará diretamente na forma como você terá que desenhá-lo. Em vez de focar na imagem dos integrantes, sua estratégia terá que ser direcionada para a iconografia que remete ao universo do rock'n'roll ou à temática das letras das canções do grupo. Cabe, claro, aconselhar fortemente seu cliente que invista na produção de fotos profissionais.

Para quais dispositivos você desenhará o site: Esse é um ponto muito interessante e relativamente novo também. Nos últimos anos, o acesso a websites a partir de dispositivos outros que não são necessariamente computadores tem crescido exponencialmente. Os desafios são muitos, porque este é um fenômeno recente e, por conta disso, muito tem que ser aprendido sobre os comportamentos do internauta nesses ambientes e a melhor forma de entregar o conteúdo para diversos tamanhos de telas. Essa, porém, é uma realidade que não pode mais ser ignorada na hora em que você for desenhar a interface do site do seu cliente.

Quando os sites começaram a ser acessados por dispositivos móveis, em especial a partir do advento do iPhone, algumas estratégias surgiram para que os desenvolvedores pudessem fazer interfaces compatíveis com essa nova realidade. Bem no início, mantinha-se uma versão desktop e era colocado, nos códigos das páginas desta versão, um script que identificava se aquele website estava sendo acessado por um smartphone da Apple[12]. Em caso positi-

---

[12]   Ainda não havia essa quantidade de marcas nem outros sistemas operacionais, com exceção do sistema da Nokia e da Research in Motion (RIM, fabricante do BlackBerry), mas não me lembro de nenhum desenvolvedor, que eu conhecesse, ter a preocupação com versões dos sites para esses ambientes, nem tampouco de nenhum contratante que pedisse para que seu site fosse compatível com eles. De toda forma, "sites para iPhone" rodavam em celulares BlackBerry e Nokia Symbian, desde que os tais scripts fossem também programados para direcionar internautas desses aparelhos.

vo, o internauta era direcionado para uma versão especial, desenhada para aquele tamanho de tela. A despeito disso agora parecer uma coisa antiga, é bom lembrar que o primeiro iPhone foi lançado muito recentemente (em 2007) e era coisa para poucos, muito poucos.

Hoje, porém, a diversidade de marcas, modelos e tamanhos de tela dos smartphones é enorme. Soma-se a isso a existência de outros dispositivos como tablets, phablets (nome horroroso para dispositivos cujo tamanho está entre o smartphone e o tablet), smartwatches, o Google Glass e outras tantas bugigangas que permitem a navegação na internet. Olhando para esse novo cenário, aparentemente assustador, parece coisa de criança a preocupação que tínhamos, há alguns anos, em desenhar um site que pudesse ser visto confortavelmente e, ao mesmo tempo, em monitores 800x600 e 1024x768[13] e em meia dúzia de navegadores.

De qualquer forma, não se desespere. Hoje, existem técnicas de desenvolvimento muito boas para que você possa fazer um website que se comporte minimamente bem nesse mar de ambientes todos, como o AWD e RWD, acrônimos para *Adaptive Web Design* (Design Web Adaptativo) e *Responsive Web Design* (Design Web Responsivo). Logicamente, são soluções transitórias, até que se encontrem soluções melhores ou até que os problemas mudem e essas técnicas já não sirvam mais. Coisa muito comum nesta área, aliás. Ok, desespere-se só um pouquinho.

Bem, agora que você já tem seu wireframe e ele se mostrou adequado para comportar os itens do seu site-

---

[13] 800x600 e 1024x768 são medidas em pixels comuns em monitores CRT (aqueles antigões, de tubo).

map, respeitando a hierarquia estabelecida, é hora de dar o acabamento visual ao seu layout.

Você pode estar se perguntando se deve mostrar o wireframe para seu cliente ou se ele (o wireframe) é apenas uma etapa interna do planejamento do design. A resposta é: depende. Como já disse lá atrás, o cliente não faz o que nós fazemos e nós não fazemos o que ele faz. Dito isto, podemos imaginar que, dependendo do cliente (idade, formação, segmento em que atua etc), mostrar para ele esta etapa do processo pode não ter qualquer efeito prático, uma vez que ele pode não ter o mesmo poder de abstração que você tem e, por conta disso, não entender o que todos aqueles quadradinhos e rabiscos representam. Pode ser, por outro lado, que você esteja lidando com uma empresa maior, que tenha um departamento, ou pelo menos um responsável pelo marketing, que esteja fazendo as aprovações do seu trabalho, por exemplo. Neste caso, valeria a pena compartilhar com eles esses esboços, pois, com certeza, eles teriam a capacidade de enxergar e entender a estrutura proposta e que seria mais produtivo partir para o acabamento final dentro desta estrutura aprovada. Use o seu bom senso para avaliar quando mostrar e quando não.

Mostrando ou não para o seu cliente, é hora de fazer o acabamento. Nesse ponto, alguns profissionais (penso que a maioria deles) preferem fazer o desenho primeiro num software editor de imagens, como o Photoshop. Alguns, porém, podem preferir fazer diretamente num editor HTML. Com o advento das novas versões do CSS e HTML, tornou-se possível aplicar determinados recursos gráficos diretamente nos códigos, que antes só eram possíveis de ser reproduzidos com imagens. De qualquer forma, nesta fase, estamos trabalhando o layout e não o site propriamente. Então, escolha a ferramenta que você se sente mais confortável e produtivo, lembrando-se, claro, de que aquilo que for desenhar, mais cedo ou mais tarde, irá se tornar um código.

Particularmente, acredito que a melhor forma de apresentar o layout para o seu cliente é colocando-o, em tamanho real, rodando dentro de um navegador web, para ele ter a experiência similar àquela que terá quando o site estiver efetivamente terminado. Se você for do time daqueles que fazem o desenho usando HTML/CSS, essa já será a saída. Se você for do outro time, gere um JPG, insira-o num arquivo HTML e pendure-o num servidor. Faça isso com as versões para smartphone, tablet e micro-ondas (sim, quem sabe, em pouco tempo, você precise adaptar o site também para este dispositivo). Lembre-se de dizer ao seu contratante que aquilo não é o site propriamente e que o objetivo, naquela etapa, é que ele veja a solução gráfica, cores, hierarquia dos elementos etc. Mesmo que você coloque o layout num ambiente web para permitir o acesso através de uma URL, considere ir até o seu cliente para fazer uma apresentação e esclarecer eventuais dúvidas.

Pode acontecer de o cliente ter a expectativa de que você apresentará duas ou três opções de layout para ele escolher. Sei disso porque fui perguntado a esse respeito em mais de uma ocasião. A resposta que dei foi que, se fizer duas ou três opções, vou ter que cobrar duas ou três vezes e isso encareceria muito o trabalho. Agora, você pode estar se perguntando: "Ué, mas e se o cliente não gostar?". Na verdade, a eventualidade de o cliente não gostar é um risco que corremos e, sendo um risco, pode acontecer ou não. Ou seja, no caso da não aprovação da primeira ideia, o cliente deve justificar e dar outros subsídios para que sejam feitos os ajustes ou a outra opção, se for o caso (tudo isso sem custos adicionais). Será assim, sucessivamente, até chegarmos no ponto em que o cliente aprovará a versão final.

Como vendemos o nosso tempo e conhecimento, se fizéssemos de antemão as duas ou três opções, estaríamos nos antecipando ao risco de o cliente não gostar e parte do tempo e do conhecimento que usássemos para as opções adicionais não seria aproveitada, já que o cliente vai ficar com uma opção apenas. Ainda corre-se o risco da clássica saída do cliente, dizendo gostar de alguns elementos do primeiro layout, outros elementos do segundo e de determinada coisinha do terceiro, criando um Frankenstein com coisas que nada têm a ver umas com as outras. Evite esse tipo de problema, deixando tudo isso claro antes de iniciar o trabalho.

Você sabe — ou, pelo menos, eu espero que saiba — que o foco deste livro são os procedimentos e processos. Então, estou pressupondo que você (ou alguém da sua equipe) tenha os conhecimentos necessários de como desenhar um website, seja num editor de imagens, seja num editor HTML. Dito isto, gostaria, para finalizar, de listar alguns conselhos vindos de experiências pessoais, durante os processos de aprovação de layouts, alguns deles até óbvios, mas que não posso deixar de citar:

 O design bom que você fizer hoje poderá não atender as necessidades de amanhã, por conta da evolução dos dispositivos, comportamentos, recursos ou, simplesmente, por conta de tendências. Sobre tendências, muito recentemente, a Apple redesenhou seu sistema operacional, alterando a aparência dos ícones, usando o chamado flat design. No dia seguinte, um monte de gente especializada "caiu de pau", porém, em pouco tempo, o Google, a Microsoft e outros grandes adotaram este padrão.

O design bom que você fizer hoje poderá não atender as necessidades de amanhã. Eu sei, já falei isso, mas é importante reforçar. Tenho clientes que estão indo para a quarta versão de seus websites, todas elas desenhadas por mim. Aquela versão ótima feita há cinco anos não funciona mais dentro das perspectivas atuais. Quando apresentar uma interface para o seu cliente e ele comentar que é muito melhor do que a anterior que você também havia feito, responda que certamente esta nova, que ele achou maravilhosa, precisará ser refeita em algum momento no futuro.

Você não é um artista e o layout do website não é uma obra de arte. Não vou entrar aqui na discussão, também infrutífera, se design é arte ou não. Acontece que você não colocou aquele elemento "X" na posição "Y" simplesmente porque sua inspiração mandou ou porque você quis expressar seus sentimentos ao fazer isso. Quem mandou colocar foi seu cérebro, e não seu coração. Deixe isso claro para o cliente. Só para não deixar de citar, uma vez, ao apresentar uma interface, fui perguntado, a todo momento, por uma das assistentes de marketing da empresa contratante o porquê de determinados elementos estarem na posição "A" ou "B". Como eu respondia a todas as perguntas explicando os porquês, ela não se contentou e me disse: "Você tem desculpa para tudo". Apesar da minha vontade de virar as costas e ir embora, sorri e respondi que não eram desculpas. Aquela era uma peça de design e, como tal, foi feita com lógica, visando a alcançar um objetivo, que era a comunicação. Como havia pessoas sensatas naquela equipe de marketing, em especial a gerente, o layout proposto foi aprovado com poucas alterações e funcionou bem por quatro longos anos. Resumindo: faça a interface de forma consciente, sempre pensando em como você defenderia suas escolhas. Se quiser colocar um pouco de coração, não faz mal, também pode.

Ao desenhar uma interface, logicamente o que se espera de você é que produza uma peça única para o cliente, que não esteja sendo copiada de lugar algum. Isso, no entanto, não significa que você deve inventar uma nova forma de dispor os elementos ou de navegar a cada projeto. Desenhar algo exclusivo significa dar sentido para as coisas, a partir das necessidades específicas de

cada situação. É lógico, porém, que você usará elementos que sejam familiares para o internauta, como barras de navegação, menus drop-down, banners em formato de slideshow etc. A propósito, é desejável que você faça isso. Vou contar um pequeno caso para ilustrar: uma vez, uma grande banda brasileira utilizou, no seu site, um conceito completamente novo de navegação, onde tudo que fosse clicável poderia ser arrastado até determinada área para que o link daquele elemento fosse acessado. Havia um textinho que ensinava como aquilo funcionava. Era inovador, mas era um pouco confuso e nada intuitivo. Como era uma outra época e não havia essa enormidade de coisas para se ver e fazer na internet, o usuário talvez tivesse tempo disponível e estivesse até disposto para esse aprendizado. Definitivamente, hoje não só aquela interface não funcionaria, como também esse tipo de proposta seria altamente não recomendada, pois faria com que a grande maioria desistisse antes de tentar aprender a lógica daquela estrutura.

Design pronto e aprovado, vamos recheá-lo com conteúdo.

COLETA / PRODUÇÃO DO CONTEÚDO

JÁ FOI DITO LÁ ATRÁS, mas não custa repetir, que a fase de coleta e produção de conteúdo pode acontecer simultaneamente ao desenho da interface ou depois dele, porém é desejável que aconteça sempre após a aprovação do sitemap, uma vez que ele é o nosso guia sobre quais são os conteúdos do site, quais são as características destes conteúdos e como eles deverão estar organizados. A ordem desta etapa dentro do processo dependerá do tamanho da sua equipe e do prazo que você tenha estabelecido no seu cronograma junto ao cliente.

Cada fase do processo, tanto as que vimos até aqui quanto as seguintes, tem as suas especificidades, mas talvez esta, a de produção de conteúdo, tenha sido aquela em que mais tive dificuldades de assimilar. Ou, em outras palavras, aquela em que tive mais dificuldade para encontrar os mecanismos operacionais para coletar as informações brutas, trabalhá-las e transformá-las em conteúdos relevantes para os websites nos quais estivesse trabalhando. Acredito que, em parte, isso se deva ao fato de eu ser egresso da área de Design Gráfico, com uma preocupação, naquela época em que fiz as primeiras incursões no desenvolvimento web, prioritária com a interface e menor com o conteúdo propriamente.

Como já deve ter ficado claro para você, o processo de produção de um website, além de ser dividido em várias etapas, envolve — ou deveria envolver — uma meia

dúzia de especialistas. Se você for um talentoso "homem-
-orquestra"[14], uma meia dúzia de especialidades, que você,
sozinho, deve dominar. Confesso que, no princípio da minha carreira, eu era esse camarada aí, talvez não tão multi-
-instrumentista, mas com o atenuante de que eram outros
tempos, em que pouco ou quase nada se sabia sobre a
produção de um website ou mesmo para que servia um.

Esses especialistas, com o decorrer do tempo, ganha-
ram vários nomes, de acordo com as funções que exerciam
dentro dos processos. Volta e meia, surgem novas subdi-
visões, que podem tanto servir para qualificar um sujeito
dentro do processo quanto ser simplesmente um nome
da moda, que se torna obsoleto em pouco tempo, coisa
muito comum nesse meio, aliás.

Modismos e rótulos à parte, a fase de coleta e produção
de conteúdo é onde mais precisaremos de mão de obra
especializada para transformar o conhecimento e as informações do nosso cliente em conteúdo relevante dentro
do site dele. Muitas vezes, talvez na maioria delas, o cliente
não possui nada escrito, organizado ou sequer tem algum
material ou conteúdo concreto para te passar. Então, neste momento, entram os especialistas a que nos referimos
acima.

Para ilustrar melhor, vamos voltar ao caso do nosso
cliente fictício, a banda de rock independente. Nós havíamos identificado que o site desta banda conteria os seguintes conteúdos: *Músicas em MP3 (gratuitas)*, *Músicas em
MP3 (pagas)*, *História da banda*, *Bio dos integrantes*, *Agenda de
shows*, *Novidades*, *Vídeos*, *Loja virtual* e *Imprensa*.

---

[14]   Também conhecido como "banda de um homem só", é aquele camarada que
toca violão, gaita, e dois ou mais instrumentos de percussão presos ao seu corpo,
tudo isso simultaneamente.

Vamos então, item a item, analisar como essas informações chegaram e como elas serão transformadas em conteúdo:

Músicas em MP3 (Gratuitas)

Sobre esse item, não há mistério: a banda fornecerá os arquivos de áudio e você colocará um link para o download deles. Até aí, tudo tranquilo. Ocorre que, no mundo real, às vezes, as coisas são ligeiramente diferentes e mais complicadas. Uma vez, fiz um trabalho para um artista que, além de músico, era compositor. Ele era autor de mais de 200 sucessos dentro do seu segmento artístico e, é claro, desejava colocar todo esse acervo disponível em seu site. Havia, porém, alguns agravantes:

convertendo...

- Muitos desses áudios só existiam em CD, o que gerou uma mão de obra extra para a extração e conversão desses arquivos;

- A maioria das músicas, apesar de ser de autoria deste artista, estava vinculada a contratos com gravadoras e editoras que faziam restrições sobre o formato e o tempo de cada áudio a ser disponibilizado. No caso específico dele, essas músicas só poderiam ser tocadas por streaming (não poderiam ser baixadas) e os arquivos só poderiam conter 30 segundos cada, no máximo. Ocorre que os 30 segundos iniciais, muitas vezes, não caracterizam uma música, o que demandou que fosse feita a amostragem de trechos mais próximos dos refrões de cada uma delas. Essa amostragem, para ficar minimamente agradável aos ouvidos, deveria iniciar com um fade-in (volume da música subindo) e terminar com um fade-out (volume da música descendo). Multiplique este trabalho por 200 canções e você verá que foi uma tarefa bem trabalhosa.

Nesse caso, então, você precisa ter alguém na sua equipe que conheça os rudimentos da edição de áudio ou contratar um profissional ou estúdio que realize este trabalho.

Músicas em MP3 (Pagas)

Talvez nesse caso, tanto no nosso caso hipotético quanto no mundo real, a coisa seja mais simples. O próprio estúdio em que as músicas foram gravadas pode gerar e entregar os arquivos no formato MP3. Como esses áudios serão comercializados fora do site, seja no iTunes ou em outro tipo de loja virtual similar, essa etapa é algo que talvez nem precise passar por você. O seu serviço aí é, simplesmente, criar um botão que leve para esta loja virtual.

História da Banda

Todo mundo tem uma história pra contar, mesmo uma banda independente, com poucos anos de estrada e, eventualmente, fictícia. O problema acontece quando você é um ótimo programador PHP e só. Não que ser programador PHP seja pouca coisa, muito pelo contrário, mas certamente você não pediria a um redator para fazer um sistema de notícias para o seu site. O conteúdo de um website é justamente aquilo que o internauta vai buscar, como dissemos algumas páginas atrás. Mesmo em seções nas quais estatisticamente haja pouca procura, uma boa redação faz toda a diferença. Agora, imagine que esta banda existe há cinco anos e ninguém, até então, haja escrito nada sistematizado sobre esta pequena trajetória. Nesse caso, é necessário que se levantem essas informações com entrevistas, eventuais recortes de jornal, depoimentos de fãs, entre outras fontes. O profissional mais indicado para esta tarefa será um jornalista, que terá a habilidade de fazer esta coleta de dados, apurá-los, organizá-los, costurá-los e redigi-los. Dependendo do profissional, ele já terá a habilidade de fazer uma redação adequada para o ambiente web, com textos enxutos[15] ou com uma organização tal, que, mesmo com um pouco mais de volume de informação, esteja disposta de forma a conduzir a leitura em camadas, de acordo com o interesse e a profundidade a qual o internauta deseje chegar.

Não posso deixar de citar ótimos trabalhos que minha sócia, a jornalista Cláudia Marapodi, fez, em especial para o caso do mesmo cliente que citei acima, o das 200 músicas. Apesar de ser um artista com muitos anos de estrada, não havia um material escrito sobre sua carreira e foram necessárias muitas horas de entrevistas gravadas até que se extraísse o suficiente para a redação do site. Se você não tem a sorte de ter na sua equipe uma profissional com essas habilidades, cogite contratar uma (ou um), mesmo que seja como freela, para situações específicas.

---

[15] Existe uma expressão em inglês "Too long; didn't read" (algo como "Muito longo, nem li"), ou simplesmente "TL;DR", que reflete bem esta tendência de as pessoas pularem os textos que elas consideram grandes. De fato, ler na tela é um tanto desconfortável, mas há casos em que não se pode simplesmente resumir ou enxugar demais o texto. Cabe à equipe avaliar o volume deste conteúdo e organizá--lo em camadas para atender aos diversos níveis de internautas, entregando as informações conforme o grau de interesse.

Bio dos Integrantes

É o mesmo caso do item "História da banda", só que agora com foco na trajetória individual de cada componente.

Agenda de Shows e Novidades

Resolvi juntar esse dois itens em um único comentário, por conta de terem em comum uma característica: ambos são conteúdos dinâmicos[16]. O que isso quer dizer? Nesse ponto, onde estamos analisando a coleta e a produção do conteúdo, quer dizer que, não importa o que você for colocar nessas áreas na época da estreia do site, esses conteúdos serão sempre atualizados, tanto quanto forem as datas de shows ou tanto quanto houver novidades sobre a banda para serem informadas ao público (lançamento de novo álbum, contrato com gravadora, lançamento de clipe etc). Dito isto, se no site que estiver desenvolvendo existir uma área que possua uma necessidade frequente de atualizações, você pode pensar em vender para o seu cliente um contrato de manutenção desses conteúdos.

Lembrei de dois casos que acho interessante contar, para ilustrar essa coisa dos conteúdos dinâmicos e do contrato de manutenção.

O primeiro deles aconteceu quando fui contratado para desenvolver o website de um escritório de advogados. Ao definir as áreas em que o site se dividiria, este contratante solicitou que houvesse uma seção para publicação de notí-

---

[16] Se você não está lendo este livro linearmente, veja mais sobre tipos de conteúdo no Capítulo 2, "Todos os sites são simples".

cias jurídicas do interesse dos clientes dele, deixando claro que o sistema deveria permitir que ele próprio pudesse incluir essas informações. Por mais simples que fosse o processo de publicação — ainda mais porque não haveria fotos, somente textos (título e corpo da matéria) —, a pesquisa, a redação e a adaptação daqueles conteúdos tomava um tempo precioso e fazia com que um ou mais funcionários, que deveriam tratar de tarefas ligadas ao escritório (acompanhando processos, protocolando documentos, indo a audiências, entre outras coisas), tivessem que conjugar isso com esta função de atualização. O cliente chegou à conclusão de que seria mais barato e eficiente terceirizar essas tarefas com especialistas. Em pouco tempo, tínhamos um contrato de atualização do site assinado.

O outro caso é o de um website que produzimos para um fotógrafo. Também na fase de estudos sobre quais conteúdos o site teria e qual a organização deles na estrutura, este contratante sugeriu que, em sua página inicial, tivesse a "foto do dia", que seria uma imagem de fora do portfólio fixo do site, que ficaria em destaque na página inicial. Por se tratar de uma foto de fora do portfólio e também por questões de custo do desenvolvimento, optou-se pela mais simples das soluções: o fotógrafo subiria, através de um pequeno formulário, a imagem daquele dia, num tamanho pré-definido, e o sistema exibiria aquela imagem na área de destaque até que outra, mais recente, fosse carregada no servidor. Após três anos, a "foto do dia" ainda era a foto do dia em que o site foi lançado.

Resumindo este item, conteúdos dinâmicos demandarão, com certeza, pessoas que façam mais do que simplesmente preencher um formulário com título e corpo do texto. Se o cliente deseja realmente que este conteúdo seja relevante e esteja sempre atualizado, será necessário que alguém o pesquise, organize, redija e publique. Esse processo, dependendo do tipo de conteúdo, envolverá um redator ou jornalista, um técnico, às vezes um fotógrafo ou, ainda, um programador inteligente o suficiente para criar um belo script que possa "enfileirar" 365 fotos e publicá-las, automaticamente, uma por dia.

Vídeos

Talvez esse deveria ser um conteúdo com procedimento de coleta parecido com os arquivos de música. Idealmente, pelo menos, seria assim. Na prática, entretanto, vamos ter que ver como o cliente vai nos entregar este conteúdo. No nosso formulário de briefing do Capítulo 3, temos um item que pergunta isso ao cliente (número 14 / letra "e"), que reproduzimos abaixo:

> e) Vídeos
> ( ) já estão publicados na internet (YouTube / Vimeo / outros)
> ( ) serão fornecidos em formato digital (mídia física: DVD, Blu-Ray)
> ( ) serão fornecidos em formato digital (mov, avi, mp4, mpeg)
> ( ) serão fornecidos em VHS
> (x) não haverá vídeos no site

Vamos analisar item a item:

Vídeos já estão publicados na internet (YouTube / Vimeo / outros)

Essa é a forma mais simples e rápida de inserir vídeos no site. Cada um desses serviços fornecerá um código de incorporação para que você rode os vídeos dentro das páginas do website que está fazendo. Isso não é nenhuma novidade e, certamente, você já deve saber. O que pode acontecer é que, como lidamos no mundo real com clientes das mais variadas origens, segmentos de negócio, idades e níveis de conhecimento de tecnologia, podemos nos deparar, às vezes, com perguntas do tipo "por que o meu vídeo tem que rodar fora do meu site?" ou comentários como "eu quero que as pessoas vejam o vídeo no meu site, não no YouTube[17]", ou ainda, "e se o YouTube parar de funcionar ou tirar o meu vídeo do ar?". Antes que pense que essas perguntas, aparentemente idiotas, possam ter surgido da cabeça do cara que está escrevendo este livro, gostaria de dizer que vieram de casos reais. Lembre-se: no dia a dia, lidamos com pessoas que não têm a mínima ideia daquilo que fazemos e pérolas como estas poderão surgir a todo instante. Mas antes que você julgue ignorantes alguns dos seus clientes, queria te dizer que eu já me senti um asno (não poucas vezes) ao saber sobre técnicas de cirurgia plástica ou sobre como determinado tipo de equipamento é utilizado nas cadeias produtivas de uma indústria. Resumindo, se o seu cliente fizer uma das perguntas acima, aproveite a oportunidade para demonstrar pra ele, sutil e educadamente, que é por isso que ele o contratou. Afinal, você é o especialista na produção de websites. Informe-o que colocar os vídeos fora do site aumentará a visibilidade dos mesmos, eventualmente atrairá novos visitantes para o site e que é altamente improvável que o YouTube pare de funcionar de uma hora para outra ou retire os vídeos do ar injustificadamente. Diga também que, se isso acontecer, não será o fim do mundo e que há outras boas alternativas.

---

[17]   Aqui, estou colocando YouTube, mas poderia ser qualquer outro site de vídeos que permita que você suba e compartilhe, através de script de incorporação.

Vídeos serão fornecidos em formato digital (mídia física: DVD, Blu-Ray)

Vivemos numa fase de franca decadência das mídias físicas. Na minha estante, por exemplo, há apenas meia dúzia de CDs de artistas amigos, que só estão lá por conta de dedicatórias escritas nos encartes. Têm unicamente valor sentimental, uma vez que, quando vou ouvir as músicas deles, recorro aos arquivos digitais offline — no computador, iPod ou celular — ou online, através de serviços de streaming. O próprio blu-ray foi algo que, definitivamente, não emplacou. Mesmo assim, ainda é comum que o contratante entregue os arquivos de vídeo para o site em mídia física, o que não é um problema. Hoje, é muito fácil converter esses arquivos para os mais diversos formatos digitais e há inclusive aplicativos que, após a conversão, já se conectam e publicam este conteúdo na internet, de forma automatizada. De qualquer forma, mesmo com toda essa facilidade, isso toma tempo e, para realizar esta tarefa, você também utilizará seu know-how (saber em qual formato converter o vídeo, qual software utilizar para isso etc). Tempo e *know-how* são o que você vende; são o seu produto. Pense nisso ao formar o preço, tanto se você for fazer este serviço quanto se decidir terceirizar esta tarefa de conversão e publicação.

Vídeos serão fornecidos em formato digital (mov, avi, mp4, mpeg)

Caso você receba o material já convertido, será uma "mão na roda", como dizia o seu Luiz, meu pai. Isso facilitará o processo de envio, recebimento e a manipulação desses arquivos. Lembre-se, todavia, de que há inúmeros tipos de formatos de vídeo e alguns deles, apesar de terem a mesma extensão (.AVI, por exemplo), poderão ter sido gerados com tipos de codecs[18] diferentes. Alguns desses formatos poderão ser inadequados ou difíceis de manipular, ou poderão estar em resoluções que demandarão que sejam reconvertidos para um terceiro formato. Se você não tem ideia do que seja um codec, cogite a possibilidade de contratar um especialista para ajudá-lo na tarefa de manipulação desse material. Afinal, você tem uma produtora de websites e não uma produtora de vídeos.

Vídeos serão fornecidos em VHS

Para você, que nasceu no final da década de 90, um VHS (acrônimo para Video Home System) é uma fita magnética utilizada para gravar filmes em uma filmadora ou num negócio chamado videocassete. Talvez você tenha visto alguns desenhos animados ou aquele vídeo do batizado do seu primo num desses, lembrou? Bem, se não se lembra, pergunte para sua mãe, que ela vai te explicar o que era e como funcionava aquela velharia. Se você é um pouco mais velho, não se sinta um dinossauro. Não é você que é velho ou ultrapassado, é a tecnologia que muda muito rápido. Bem, o fato é que aquele seu contratante pode ter te avisado que os vídeos que ele quer colocar em seu website estão todos em fitas de videocassete[19]. Nesse caso, será mesmo necessário contratar um serviço de conversão de vídeos de um profissional especializado. Existem muitas pessoas que oferecem este tipo de serviço e você — na verdade, o seu cliente — terá que avaliar a relação custo/benefício para escolher quem prestará este serviço. De-

---

[18] Codec, segundo o site Wikipedia.org, é o acrônimo para Codificador/Decodificador. Em outras palavras, refere-se à forma como se dará codificação dos arquivos, com a definição dos atributos de resolução, compressão, qualidade, bitrate etc.

[19] Poderiam estar em outras mídias, como películas de super8 ou em 35mm, por exemplo, mas isso seria a exceção da exceção.

pendendo do tipo de aplicação, será um simples processo de conversão direta daquilo que está armazenado no VHS, sem tratamentos, para o formato digital. Outras vezes, no entanto, será necessário um processo de restauração, tanto da mídia física (limpeza, remoção de fungos, emendas), quanto digital e, nesse caso, esta demanda não poderá ser atendida por aquele camarada que simplesmente comprou o kit hardware/software, plugou na USB e oferece o serviço de captura/conversão. Há ainda a possibilidade de você mesmo fazer isso, mas acredito que, pelo esforço que demandaria (compra do equipamento, número de horas digitalizando e aprendendo a lidar com o software), não valeria a pena, porque foge muito da sua especialidade.

Não haverá vídeos no site

Não preciso comentar, certo?

Loja Virtual

Como dissemos lá atrás, o nosso contratante fictício deste exemplo, a banda de rock alternativo, disponibilizará poucos itens para venda. Vamos imaginar que sejam apenas dois ou três modelos de camiseta e os dois CDs que eles lançaram. O que precisaremos é que nos sejam fornecidas as imagens das estampas dessas camisetas e das capas dos CDs para criarmos uma página com esses itens e um botãozinho do PagSeguro ou do Paypal, para que o pagamento possa ser efetuado, certo?

Errado! "Certo", se você fosse apenas um "escrevedor de html", que opta pela lei do menor esforço ou apenas faz aquilo que o seu cliente está pedindo e mais nada. Tenho certeza de que você vai mais além.

Vamos pensar em tudo o que está envolvido nesta pequena seção do site. Veja as variáveis que temos: os modelos, tamanhos, quantidades dos itens e, consequentemente, o peso final da encomenda que, somado ao CEP do comprador, resultará no valor do frete. Pense também na experiência que está sendo oferecida ao internauta e na eficiência desta página, tanto para quem comprará quanto para quem venderá. Nesse momento, você tem a oportunidade de mostrar ao seu cliente se é apenas um escrevedor de códigos ou se é um profissional que está pensando na demanda existente e oferecendo uma solução de verdade para as necessidades dele.

É claro que não se trata de oferecer ao seu cliente uma loja virtual completa e cheia de recursos para que ele venda meia dúzia de itens somente. Mas, pense no seguinte: por qual motivo esta banda desejaria ter uma seção em seu site para vender esses itens? Certamente, não é para ter que administrar problemas, como, por exemplo, um internauta ter pago um valor menor ou maior do que o correspondente aos itens escolhidos, ou alguém do outro lado do país que tenha feito a compra e calculado de forma incorreta o valor do frete ou, ainda, alguém de fora do país tenha feito uma compra e a banda não tenha como remeter os produtos para o exterior. Se numa loja virtual, toda estruturada, volta e meia você se depara com eventuais problemas de trocas, devoluções ou desistências, imagine numa página em que não há minimamente um cálculo de frete?

Converse com seu cliente e levante todas essas possibilidades, para que a solução final a ser adotada seja exatamente isso: uma solução. Muitas vezes, é melhor optar por uma vitrine com os itens e um formulário, onde a pessoa interessada na compra informe seus dados e o que quer comprar — para que a negociação aconteça posteriormente por e-mail, por exemplo —, do que implementar uma solução meia-boca, que trará mais dores de cabeça do que vendas propriamente.

Já que tocamos nesse assunto um tanto complexo, o e-commerce, vamos tecer algumas considerações que serão importantes, uma vez que, volta e meia, você será consultado sobre isso por algum eventual contratante.

Vender pela internet é algo que muita gente pensa em fazer, mas poucos sabem realmente algo consistente sobre toda a logística que está por trás disso. Existem muitas ideias erradas a respeito de e-commerce, mas talvez a mais recorrente de todas seja aquela de que, para vender online, basta criar uma loja virtual e tudo mais acontecerá, meio que por mágica. A loja estará lá, fazendo o seu trabalho, e você só ficará do outro lado, contando o dinheiro que ganhou, esperando o dia em que se tornará mais um dos milionários da internet. A coisa, porém, na verdade, não é assim e você foi a pessoa escolhida pelos deuses da web para dar essa triste notícia ao seu cliente. Como já deve ter visto em todos os filmes e livros sobre pessoas predestinadas, "o escolhido não pode negar". Então, vá lá e diga pra ele, antes que seja tarde.

Agora que você já deixou claro para o seu contratante que construir uma loja virtual propriamente dita é a última coisa em que ele terá que pensar ao entrar no mundo do comércio eletrônico, digamos que a situação já esteja no ponto em que isso vai acontecer. Em outras palavras, chegamos no momento em que o cliente já conversou com o contador dele para resolver as questões de legalização da empresa — e também as questões fiscais e tributárias

—, já estabeleceu parcerias com fornecedores, já tem os colaboradores que farão toda a parte de atendimento online, recebimento do pedido, manuseio, embalagem, emissão de nota fiscal e envio das mercadorias, já estabeleceu os procedimentos para eventuais trocas e já criou as estratégias do pós-venda. Claro que não é necessário que tudo isso esteja 100% pronto para que se inicie o processo de produção da loja online, mas é importante que as coisas estejam encaminhadas para que a inauguração da loja aconteça com toda a retaguarda pronta.

Antigamente[20], ter um comércio eletrônico era uma coisa de outro mundo. Havia a necessidade de se contratar um servidor dedicado — o que era (e ainda é) muito caro —, obter os gateways de pagamento diretamente de um banco ou operadora de cartões de crédito — o que era um processo muito burocrático —, além da necessidade de se desenvolver uma plataforma própria (front-end e back-end) — processo, este, muito caro e muito trabalhoso também. Operacionalizar tudo isso era algo para poucos, dados o alto custo e a complexidade. Entretanto, com o tempo, as coisas começaram a ficar um tanto mais acessíveis, em especial com o advento de algumas facilidades tecnológicas, das quais destacamos três: 1) os sistemas de e-commerce opensource; 2) os serviços de pagamento online terceirizados e 3) as plataformas de lojas virtuais alugadas.

Vamos ver cada um desses itens, suas características e como eles poderão nos ajudar a suprir nossa demanda:

---

[20] "Antigamente" nessa área pode significar tanto dois como quinze anos, dependendo da quantidade de mudanças que determinado processo sofreu, muito mais do que o tempo que essas mudanças levaram.

Sistemas de e-commerce opensource

Imagine que você, ou a sua equipe, tivesse que desenvolver, a partir do zero, uma loja virtual, com todos os recursos ou, pelo menos, com os mais usuais (carrinho de compra, divisão por categorias, código promocional, sugestão de produtos, módulo de cálculo de frete, módulo de pagamento, sistema de administração de produtos, pedidos, usuários, clientes etc). Certamente, seria um esforço, que demandaria um grande número de horas de programação, testes, integração e implantação, o que também corresponderia a um aumento considerável do custo para o seu contratante, além de uma expectativa de prazo muito extensa para a execução de todo esse processo, dado o tamanho e a complexidade desta empreitada.

Agora, imagine uma plataforma de código aberto e gratuito, desenvolvida por uma comunidade, com diversos módulos que podem ser integrados, conforme a sua necessidade. Um sistema opensource é justamente isso. Seu advento foi um dos fatores que permitiu o barateamento do custo de implantação de lojas virtuais, já que não seria mais necessário reinventar a roda na hora de estruturar uma solução de comércio eletrônico: bastaria baixar o sistema, instalá-lo no servidor web e customizá-lo, conforme a necessidade.

Essas soluções, contudo, têm seus prós e contras. Como vantagens, podemos citar o baixo custo[21], a facilidade de instalação e a confiabilidade, uma vez que se tratam de sistemas adotados por milhares de usuários no mundo todo, muitos deles, desenvolvedores, que depuram, criam módulos e aperfeiçoam os códigos originais.

---

[21] A despeito de a maioria destes sistemas ser gratuita, o seu contratante pagará pelo seu trabalho de implementação e customização. Além disso, alguns módulos que você poderá utilizar além do pacote básico poderão ser pagos.

A principal desvantagem de utilização desse tipo de solução seria o fato de que, por se tratarem de sistemas prontos, o nível de customização, tanto de interface, quanto das características dos sistemas propriamente, pode ser limitado, o que poderá resultar em mais recursos do que o que você realmente necessita, ou menos do que espera obter. Além disso, como alguns módulos adicionais podem ser compatíveis apenas com determinadas versões do sistema, isso fará com que você experiencie algumas incompatibilidades e possa não alcançar todos os resultados de que necessita. O fato de haver uma grande quantidade de desenvolvedores, se por um lado, permite uma melhor depuração e testes da plataforma, por outro, pode criar diversas versões paralelas, nem todas contemplando todos os recursos de que a loja do seu contratante pode precisar.

Serviços de pagamento online terceirizados

Talvez esta tenha sido uma das principais inovações, que viabilizou e impulsionou o comércio eletrônico, justamente por ter simplificado, do ponto de vista de quem os oferece, o processo de pagamentos, mantendo a confiabilidade e segurança, do ponto de vista de quem paga. O que, até então, era circunscrito a um restrito número de empresas, tornou-se disponível inclusive para pessoas físicas, democratizando tanto a compra e venda online de produtos quanto de serviços.

Essa simplificação permitiu que se pudesse oferecer, de modo descomplicado, diversos tipos de pagamento, como boletos, transferências e cartões de crédito de diversas bandeiras, inclusive com a possibilidade de parcelamentos, coisa impensável há bem menos de uma década.

A combinação do pagamento online terceirizado com as plataformas de e-commerce opensource permitiu um acesso tecnológico até então inusitado, em especial para pequenos negócios, democratizando e impulsionando o comércio na rede.

Plataformas de lojas virtuais alugadas

Parafraseando um dos mais batidos clichês da publicidade, "o que já era bom, ficou ainda melhor" com a entrada no mercado das lojas virtuais alugadas. E o que vem a ser isso? Trata-se de plataformas prontas, pré-instaladas, customizáveis e já integradas a sistemas de pagamento, nas quais o contratante paga pelo uso, numa espécie de aluguel. Normalmente, são oferecidos pacotes com determinado limite de número de produtos ou de volume de vendas, ou ambos, o que permite que se migre para um pacote mais robusto, no caso de aumento de demanda, ou que se faça um downgrade, numa situação inversa. Outra vantagem desse tipo de sistema, além do pagamento pela demanda, é que todo o desenvolvimento do back-end é de responsabilidade do fornecedor, o que significa que você não tem que se preocupar com eventuais upgrades e atualizações da plataforma, além do que, normalmente, a incorporação de novos recursos se dá sem que você precise pagar mais por isso. Os principais fornecedores desse tipo de loja oferecem soluções bastante completas, com módulos e recursos com alto nível de customização e com interfaces bem atraentes, algumas delas já prontas para rodar confortavelmente em diferentes tipos de dispositivos, como tablets e smartphones.

Seria essa, então, a melhor solução? A resposta é, como sempre, "depende". Sempre será necessário observar as necessidades do seu cliente, o orçamento que ele tem disponível e o grau de complexidade que o projeto dele terá. Dependendo das características da demanda e do porte do seu cliente, pode até ser que nem o sistema opensource nem a plataforma alugada, tampouco o botãozinho xexelento na página html, o atendam satisfatoriamente e ele necessite de uma solução desenvolvida exclusivamente (back-end + front-end), como dissemos lá em cima.

Ah, e pra não dizer que não tocamos no assunto, independente de qualquer coisa, uma loja virtual deve seguir rigorosamente a legislação específica para comércio eletrônico e aquela que rege o comércio de um modo geral, tanto no que se refere ao tipo de produto / serviço que se está vendendo quanto na relação com o cliente, que é sempre regida pelo Código de Defesa do Consumidor.

Imprensa

Estabelecemos anteriormente que esta seção seria dividida em três subseções: "Clipping", "Assessoria de imprensa" e "Release/Fotos". Vamos subverter um pouco a ordem desses itens para falar primeiramente sobre aqueles que têm o conteúdo mais simples para depois abordarmos o de conteúdo mais complexo.

A página *Assessoria de Imprensa* contém simplesmente as informações sobre o responsável pela assessoria da banda, seus contatos (nome, e-mail e telefone) e um pequeno formulário através do qual jornalistas e veículos interessados pela banda poderão contatar especificamente o assessor.

Já a página *Release/Fotos* pode ou não ser dinâmica, conforme a estratégia que escolhermos adotar. Um press release é uma peça informativa resumida, na qual tanto se pode divulgar, no nosso caso, a banda, como uma ação pontual ou aspecto específico (como o lançamento de um novo álbum ou videoclipe). Este conteúdo será dinâmico, se quisermos manter no website um histórico dos releases anteriores. O pró disso é acumularmos um conjunto de conteúdos relevantes e redigidos para um público específico, no caso a imprensa. O contra é as informações ficarem mais pulverizadas, ou seja, teríamos um release da banda, outro do último álbum, outro do novo single, outro do novo clipe, e assim sucessivamente. Isso poderia enfraquecer o foco que a banda pretende dar na ação mais importante naquele momento. Essa é uma questão que deve ser discutida com seu contratante, para que o resultado final dentro do site reflita as mesmas estratégias que estão sendo adotadas fora dele. Sobre a galeria de imagens que estarão dentro desta subseção, o objetivo dela é fornecer fotos com qualidade e alta resolução para eventuais matérias que serão feitas sobre a banda. Nesses anos todos de experiência profissional, já fiz vários sites de artistas (músicos e atores) e, por outro lado, tenho amigos que atuam na imprensa. Esse tipo de galeria é muito útil para ambos. Para esta área, o cliente terá que fornecer as imagens, produzidas por um profissional de fotografia, e o primeiro press release que estará no site, também produzido por um profissional, nesse caso, o assessor de imprensa da banda.

Por fim, temos a subseção "Clipping", que nada mais é do que uma coletânea das matérias que foram publicadas sobre a banda na imprensa. Esse tipo de seção é sempre muito interessante, pois se trata de terceiros falando bem do produto ou serviço do seu contratante. Por serem matérias jornalísticas, trazem consigo ainda os valores intrínsecos da imprensa, que são a isenção e o caráter informativo, diferentemente das peças publicitárias, nas quais é o cliente falando bem dele próprio, com a intenção de vender o produto ou o serviço. Além disso, também emprestam o prestígio do veículo de comunicação à imagem do seu cliente — logicamente, se este veículo possuir credibilidade e prestígio; caso contrário, reavalie se deve ou não colocar a matéria no site. É desejável que esta seção seja dinâmica para que os itens possam ser organizados em ordem cronológica e as futuras atualizações possam ser feitas de forma simples e ágil. Já tive a experiência de receber esses conteúdos de várias formas. Na maioria das vezes, eram recortes de matérias de jornais ou revistas, que necessitavam ser digitalizados e organizados. Em outras, raras, eram reproduções de matérias publicadas em websites de veículos de imprensa ou blogs especializados ou, ainda, vídeos de entrevistas ou matérias televisivas. Em todos esses casos, avalie a forma como este conteúdo será entregue e veja se, em algum dos casos, será necessário contratar serviços de terceiros para a conversão deste material (digitalização em grande formato, edição de vídeo etc). Uma dica final sobre o clipping: quando você publica na web um recorte de jornal ou de revista, muitas vezes, por questões de diagramação, a leitura do texto original digitalizado fica comprometida. Avalie a possibilidade de, além da imagem digitalizada, colocar também a transcrição dos textos. Isso os tornará mais acessíveis, tanto para as pessoas que os lerão na íntegra, quanto para os robôs dos sites de busca, que poderão rastreá-los e indexá-los, conforme disse anteriormente.

O recebimento e o tratamento dos conteúdos são sempre questões delicadas e que devem ser muito bem conversadas com o cliente, a fim de que não haja dúvidas sobre o serviço que está sendo contratado e para que mal-entendidos não ocorram no decorrer do processo. Existem produtoras de websites, que podem oferecer todos os serviços[22] que descrevemos acima como terceirizados (produção de fotografias, digitalização de imagens, digitalização, produção e edição de vídeos etc). Em outros casos, os serviços são oferecidos para o cliente como se estivessem sendo fornecidos pela agência; ou seja, o cliente paga o total à agência, que subcontrata os profissionais necessários para as demandas extras. Há ainda uma terceira via, na qual você especifica para o cliente quais são os serviços que você oferece, deixa claro que o que for necessário adicionalmente será contratado por ele à parte e que você pode indicar os profissionais que ele vai precisar (fotógrafos, tradutores, produtores de vídeo etc), ficando a critério dele contratá-los ou escolher outros no mercado. Esta, particularmente, é a estratégia que prefiro adotar, uma vez que nem sempre, no fechamento do contrato, você tem a noção de todas as demandas extras que poderão surgir, conforme o conteúdo for sendo organizado ou produzido.

O que você precisa ter em mente é que todas as ações necessárias para a produção do website, sejam elas realizadas internamente ou contratadas de terceiros, precisam ser avaliadas cuidadosamente por você, pois elas darão a dimensão da complexidade do projeto e isso interferirá diretamente no número de horas e de pessoas envolvidas nele. Enfim, isso determinará o prazo e o custo final.

---

[22]   Nesse caso, é um tanto difícil imaginar uma produtora de websites que possua realmente a estrutura para atender demandas tão diversas, como a produção do website propriamente dito e ainda fornecer produção fotográfica, tradução, produção e edição de vídeo, entre outras coisas. Sabe-se, todavia, que existem no mercado alguns "bicões" e empresas do tipo "faz-tudo", que oferecem a solução completa, com a intenção de ganhar o cliente, mas cuja qualidade do resultado final do produto que oferecem é duvidosa ou que simplesmente não entregam o que prometem.

TECNOLOGIAS

ESTAMOS IMERSOS EM TECNOLOGIA E, QUEREN-
DO OU NÃO, ela faz parte das nossas vidas em praticamente todos os momentos, desde as horas de lazer até o
fatídico momento em que vamos declarar o nosso Impos-
to de Renda. A despeito disso, o termo "tecnologia" não
se restringe necessariamente ao fato de podermos levar
a nossa internet no bolso, coisa que, aliás, se tornou tão
corriqueira, que nem nos damos conta do quanto isso é
fantástico. O advento da roda ou o uso do fogo podem
e devem ser considerados como tecnologias e o domínio delas fez a diferença no progresso do homem e da
sociedade. Esse foi o principal motivo pelo qual, logo na
introdução desse livro, deixei claro que não falaria aqui
sobre scripts ou códigos; ou seja, que eu não trataria das
tecnologias que usamos para produzir os websites, uma
vez que elas mudam muito rápido e são tão ou mais efê-
meras do que o produto mais perecível das prateleiras e
das vitrines: a moda[23].

Então, você pode estar se perguntando, por que razão
ter um capítulo cujo título é justamente esse? A resposta,
na verdade, são duas: 1) deixar claro que ela, a tecnologia, em grande parte dos casos, é fugaz e 2) contar alguns
casos para provar que não devemos usá-la como a única
base para a nossa atuação no mercado, apesar do fato de
que grande parte da tecnologia que vivenciamos hoje está

---

[23] Esse conceito de que a moda é o mais perecível dos produtos do mercado me
foi passado pela amiga Patrícia Gralato, quando ela trabalhava numa grande cadeia
de lojas de roupas. Não foi um conceito que ela inventou, mas certamente foi um
dos segredos ocultos do mundo da moda que me foi revelado por ela e que, junto
com a teoria do supermercado, me fez perder toda a inocência.

ligada à internet e aos websites e que isso, obviamente, afeta diretamente o nosso trabalho.

Vamos voltar atrás um pouco e relembrar algumas das técnicas e tecnologias utilizadas para a produção de websites e o quanto elas se transformaram de soluções em problemas com o decorrer do tempo. Um aviso importante: será uma viagem no tempo e, caso a coisa fique muito nostálgica, automaticamente cairão máscaras "antinaftalina" do teto. Se você não sabe o que é naftalina, correrá grande risco de trauma ao ler os próximos parágrafos. Prossiga por sua conta e risco.

Como disse lá no Capítulo 5, o primeiro programa que utilizei para produzir o meu primeiro website foi o PageMill da Adobe. Esse programa, acredito, foi o primeiro WYSIWYG do mercado (pelo menos, foi o primeiro que conheci). Ele escrevia o código para você, enquanto as imagens eram incorporadas ou os textos eram digitados e formatados. Era uma época pré-CSS; então, toda a formatação ficava dentro do código HTML. Havia, por exemplo, uma tag chamada "font", que era usada para indicar o tamanho, fonte e cor do texto escrito na página. Veja um exemplo abaixo:

```
<font face="verdana" color="red"
size="3">Seu texto</font>
```

Essa aparente bizarrice era algo comum na forma como os códigos eram escritos e, a bem da verdade, naquela época, eu mal olhava para o HTML, já que o programa o escrevia para mim. Isso, naquela circunstância, atendia as necessidades e era perfeitamente normal, apesar de dar um trabalhão em eventuais mudanças, como, por exemplo, a alteração da cor ou do tamanho da fonte, que devia ser feita em cada bloco de texto. Outra característica, tão bizarra quanto a anterior, era o fato de que todo o posicionamento dos elementos das páginas era feito através de tabelas. Ou seja, se você quisesse colocar um GIF com o logotipo à esquerda e um banner à direita, teria que fazer uma tabela e, na célula do topo, criar duas células: uma para o primeiro elemento e a outra para o segundo.

Esse programinha, bem como seu sucessor (pelo menos, foi o sucessor para mim), o FrontPage da Microsoft, atendia às necessidades, mas me deixava muito pouco à vontade, porque o posicionamento dentro das células das tabelas engessava muito o layout das páginas. Não vou me estender muito sobre esse tipo de construção tabular, mas, apenas para você ter uma ideia do que era, imagine uma página do Excel com todas aquelas linhas e colunas. Agora, imagine que, para produzir os blocos de informação do site (topo/navegação/miolo/rodapé), você tivesse que mesclar algumas daquelas células ou subdividir outras, conforme o posicionamento de cada elemento (logotipo, por exemplo) ou grupo de elementos (texto ou campos de um formulário de contato ou qualquer outra coisa). Ou seja, tosqueira total.

Mais tarde um pouco, o Photoshop lançou uma versão que possuía um recurso de exportar o HTML da página que fosse desenhada nele. Ou seja, o layout era todo desenhado no programa da Adobe, depois eram criadas as áreas que seriam fatiadas (slices) e, com um simples "Salvar para web", era gerado o código HTML, com as respectivas imagens otimizadas, vinculadas e salvas providencialmente numa pastinha "/images". Havia outros recursos, que permitiam colocar links, textos alternativos em imagens e criar o efeito "over" nos itens de menu.

Apesar disso, o layout era ainda todo baseado em tabelas e, caso o seu cliente pedisse para acrescentar um item no menu, ou fosse necessário mudar alguma coisa de lugar, era necessário regerar toda aquela estrutura. Isso também criou uma geração de preguiçosos, que produziam suas páginas exportando tudo como imagens, inclusive os textos, fazendo páginas totalmente baseadas em tabelas com JPGs inseridos nas células, mais pesadas e menos amigáveis, tanto para o usuário final quanto para os sites de busca. Era muito comum acessar sites, que abriam quase como um mosaico, com as imagens carregando lado a lado, formando o conjunto da página. Numa época em que o acesso à internet era basicamente feito via conexão discada, esse tipo de prática tornava a navegação mais dolorosa ainda.

Neste mesmo período, numa fase mais tardia um pouco, começaram a se popularizar os sites feitos em Flash. Não estou falando do uso de Flash em partes específicas, como banners de publicidade ou em menus de navegação, ou, ainda, naquelas medonhas e inúteis introduções que alguns websites ostentavam, mas sim de sites feitos inteiramente com a utilização dos recursos deste software. Logicamente, dada a complexidade deste programa e a crescente demanda por sua utilização, fosse pelos meus clientes, fosse pelo mercado, fosse até pelo usuário final, que achava "bonitinho" navegar num site cheio de firulas e animações, fui obrigado a fazer um curso para aprender a utilizar esta ferramenta. Apesar de apresentar resultados visualmente interessantes, o Flash nada acrescentava na usabilidade dos sites. Além de ser pesado e, por encapsular os conteúdos em um arquivo compilado (SWF), era nada amigável com os sites de busca. A pá de cal na adoção desse tipo de solução como plataforma para se construir um site — se é que podemos chamá-la realmente de solução — foi a decisão da Apple de tornar seus dispositivos (primeiramente, o iPod Touch e o iPhone e, posteriormente, o iPad) incompatíveis com o Flash. A despeito da queda de braço inicial e de muitos narizes torcidos, fossem de pessoas ou empresas que tinham seus websites neste tipo de ambiente, fossem de desenvolvedores, fossem mesmo de usuários, ao fim pareceu uma decisão acertada, pelo menos na minha opinião.

Ainda sobre o Flash, não se trata de demonizá-lo, mas, analisando os prós e os contras da adoção do mesmo como plataforma na qual se constrói um site, há muito mais contras do que prós, como o peso dos arquivos, o maior tempo que se leva para desenvolver — ou atualizar arquivos —, se comparado com outras linguagens, o SEO ruim e, mais recentemente, a incompatibilidade com dispositivos Apple, a baixa usabilidade e escalabilidade em diferentes telas e, por fim, o fato de que o HTML5 consegue, em muitos aspectos, emular os mesmos tipos de efeitos gráficos sem trazer consigo as deficiências dos arquivos SWF.

Apenas para não deixar de citar, quando fiz o curso de Flash, uma das tarefas de um dos módulos era fazer um cartão de Natal. Fiz, então, uma animação, em que um Papai Noel deixava uma caixa de presentes sobre uma mesa, abria a tampa e, de lá, saía uma luz com o texto de uma pequena mensagem. Falando assim, pode parecer que era algo muito elaborado, mas era um filminho curto e bem simples. Um dos instrutores do curso, que, a propósito, era muito habilidoso, disse que tudo aquilo que eu havia feito, utilizando elementos gráficos e recursos do programa, poderia ser feito com Action Script (linguagem de programação nativa do Flash) e nos deu alguns exemplos de como fazê-lo. Na ocasião, fiquei com uma sensação, que era um misto de *"pra que fazer um retângulo vermelho usando linguagem de programação e matemática, se eu tenho ferramentas dentro do programa com as quais poderia fazer isso visualmente, de forma rápida e precisa, sem precisar digitar uma linha de código"* com *"eu sou mesmo uma besta que não entendo nada de Flash; olha só o cara, nem precisa usar as ferramentas, digita meia dúzia de linhas e faz tudo lá no núcleo do programa, num lugar em que eu nem sei como chegar".* Nem tanto ao mar, nem tanto à terra. Contei esse pequeno *causo* apenas para que você, ao ver hoje uns caras feras em HTML5 e CSS3, que fazem desenhos e pequenas animações só no código, não pense nem que são coisas inúteis, nem que você é uma besta. Do ponto de vista da produtividade, pode ser que não seja a melhor das opções escrever linha por linha de uma animação, mesmo porque, uma hora ou outra, vai aparecer um framework, plugin, add-on ou mesmo software que faça isso, escrevendo o código para você, o que não impede que você se aventure a estudar isso, o que acho louvável, se tiver esta disposição. Ou seja, não se sinta um asno por não fazer isso. Não é, todavia, uma perda de tempo desses desenvolvedores, uma vez que é por conta desse tipo de iniciativa, onde se exploram os recursos dessas linguagens ao máximo, que os frameworks, plugins, add-ons e softwares são desenvolvidos. Agradeça a esses *malucos-heróis* por isso.

Na nossa viagem no tempo, chegamos a um dos assuntos mais comentados no final da década de 2000, início da de 2010: o maldito Internet Explorer 6. Essa foi a versão mais longeva do navegador da Microsoft e, possivelmente, a mais odiada. Quando houve a migração dos sites baseados em tabelas para os baseados em HTML/CSS (também chamados de tableless), um dos maiores desafios dos desenvolvedores e produtores de websites era fazer com que o visual do site produzido permanecesse íntegro nos diferentes navegadores. Como o Internet Explorer 6 era muito antigo, não suportava uma enormidade de recursos, em especial do CSS2, e fatalmente quebrava, quando não destruía, os layouts, que, por sua vez, rodavam perfeitamente nos demais navegadores ou em versões mais novas do navegador da Microsoft. Você, que entrou nesse negócio há pouco, deve estar se perguntando por que raios esse navegador era tão popular. Resumidamente, é porque ele vinha pré-instalado no Windows XP, não coincidentemente o sistema operacional mais longevo da Microsoft. Com o fiasco do lançamento do seu sucessor, o Windows Vista, a grande maioria dos usuários de PCs continuou usando o XP que, como dissemos, trazia de brinde o IE6.

Foram muitas campanhas para que as pessoas atualizassem seus navegadores ou que o trocassem por outros disponíveis no mercado, mas sabe como são os usuários...

O problema disso tudo era que, para o público leigo, quando o site que você produzia não rodava bem no computador dele, o problema era do seu site e não do navegador. Em parte, essa premissa não estava de todo errada e a nossa vida, num determinado momento, foi criar hacks[24] pra fazer aquela joça funcionar no IE6 e, permita-me completar, também no IE7 e no IE8 (foi mal, Microsoft). Houve um movimento, no final dos anos 2000, iniciado por um grupo de desenvolvedores noruegueses, que pretendia estimular esse upgrade ou a troca do navegador, a partir de um script que eles disponibilizaram para que desenvolvedores do mundo todo pudessem usar. Esse script checava qual era o navegador que estava sendo usado e, caso fosse o tal, ele mostrava um alerta, dizendo que aquele navegador era antigo e que não conseguiria exibir

---

[24] Hacks são adaptações improvisadas nos códigos CSS (gambiarras, como bem define o site www.tableless.com.br) para que determinada classe, id ou tag funcione de modo diferente, caso o navegador seja "X" ou "Y".

corretamente o site por conta disso, além de ser mais vulnerável a scripts maliciosos (o que realmente era). Alguns desenvolvedores adotaram medidas mais radicais: caso o site fosse carregado no IE6, no lugar do conteúdo, aparecia uma mensagem, dizendo que o site não era compatível com o navegador e que, para ter acesso ao conteúdo, era necessário atualizar ou migrar. Eu mesmo cheguei a usar ambos os scripts, primeiramente o dos noruegueses e, anos mais tarde, quando as estatísticas dos sites de alguns clientes de determinados segmentos apontavam para um índice ínfimo de usuários daquele navegador, adotei para estes o script radical, para dar um empurrãozinho no upgrade daqueles internautas. Com o tempo, contudo, o IE6 deixou de ser uma preocupação.

Chegamos aos dias atuais — se é que você está lendo este livro perto da data em que esta edição foi lançada, se não, pode se preparar para rir e dizer "olha, eles se preocupavam com isso; agora ninguém mais faz websites". Brincadeiras à parte, assim como acabaram as lojas de CD e, muito em breve, acabarão as locadoras de vídeo, também, um dia, pode ser que acabem as produtoras de sites. Quem vai saber?

Bom, vamos ao que interessa. Não faz muito tempo, fui a um evento desses voltados para profissionais web, onde rolam palestras e algum networking. Esse tipo de acontecimento é interessante, pois, antes de tudo, faz com que você não se sinta sozinho no mundo, já que tem várias pessoas que passam o mesmo que você passa no seu dia a dia. Também é sempre uma ótima oportunidade para aprender alguma coisa. Pois bem, nesse evento, assisti a uma apresentação de um pessoal muito fera, que trabalha num grande site de conteúdo. Lá pelas tantas, um dos assuntos abordados foi como os caras estruturavam os códigos e os escreviam para reduzir o tamanho das páginas e, como consequência, o tempo de carregamento, de requisições e o "custo-servidor". Como se tratava de um site com uma quantidade gigantesca de visitas, míseros bytes fariam uma grande diferença, se multiplicados por aquele número de acessos todos. A apresentação foi ótima e esclarecedora, mas me deixou com uma pulga enorme atrás da orelha: como eu, na minha rotina, adotaria aquelas práticas e lapidaria os códigos com aquele grau de refino? Eu gostaria que você, que está lendo este livro agora, que possivelmente tem uma pequena produtora ou que é um profissional web autônomo, refletisse por um instante nesta pergunta e no quão factível para você, tanto quanto para mim, seria adotar esse tipo de prática no seu dia a dia, com uma equipe relativamente enxuta, com verbas e prazos apertados... Tire um minuto para pensar nisso.

Um minuto depois...

Pensou? Pois é. Eu saí do evento e fiquei encucado com aquilo o resto do dia. Já era noite, quando me veio o seguinte raciocínio: os caras, aqueles da palestra, são como os mecânicos da equipe de fórmula 1 da Ferrari. Ou seja, eles vão girar o parafuso do aerofólio uma vez e 3/4 (nem mais, nem menos) para que o carro diminua o tempo em um décimo de segundo. Já eu — e acredito que você também — sou como o mecânico que cuida do carro de passeio do motorista comum. Preciso cuidar para que o carro esteja seguro, em boas condições, que leve o motorista e os passageiros de forma confiável do ponto "A" ao ponto "B", sem enguiçar no meio do caminho. Em outras palavras, não consta na minha carteira de clientes nenhum website que tenha zilhões de visitas por minuto, nem cujo esforço de fazê-lo diminuir um byte em seu tamanho seja crucial a ponto de representar economia e melhora considerável de performance. Isso não significa que qualquer site dos meus atuais e futuros clientes não tenha que ser rápido e eficiente, mas são preocupações completamente distintas as minhas daquelas do pessoal da palestra. Se eventualmente eu tivesse um cliente com essas necessidades, certamente teria também uma equipe proporcional e condições técnicas e de recursos humanos para esse tipo de ajuste fino e monitoramento.

Já que estamos nos dias atuais e que você não é um homem do futuro, vamos falar um pouco sobre os CMSs (acrônimo para Content Management System em inglês, ou "Sistema de Gerenciamento de Conteúdo" em bom português). Bem, imagino que você deva saber do que se trata, mas não posso deixar de falar mesmo assim. Se, nos primórdios do desenvolvimento web, o conteúdo obrigatoriamente ficava escrito exclusivamente no arquivo HTML, com o tempo, criou-se também a possibilidade de que esse conteúdo ficasse num banco de dados. Isso significou uma grande mudança na forma de se construir as páginas que exibiriam os conteúdos e também criou a necessidade de se ter um sistema que permitisse o gerenciamento desse conteúdo (basicamente, a inclusão, alteração e a exclusão dele). Então, basicamente, significa que, nos sites baseados em bancos de dados, as páginas que contêm este tipo de conteúdo são como templates (pré-formatos ou gabaritos), nos quais, em algum lugar, haverá uma requisição a um banco de dados que trará o conteúdo a ser exibido. Simplificando: em um site que exibe notícias de determinado assunto, por exemplo, pode existir um local destinado a exibir os títulos das manchetes mais recentes, sejam elas quais forem, e que estariam organizadas por ordem cronológica, da mais recente para a mais antiga. Ao clicarmos no título de qualquer uma delas, veríamos a íntegra do texto respectivo e, eventualmente, alguma imagem inserida. Neste caso, há um script — ou um conjunto de scripts — na página de índice, que condiciona que só serão exibidos os títulos das últimas cinco notícias, por exemplo, e que elas estarão dispostas na ordem que citamos acima. Na página da íntegra da notícia solicitada, o arquivo que carrega o conteúdo é sempre o mesmo para todas as notícias, o que varia é qual o ID da notícia que será carregada, de acordo com a requisição feita na página anterior. Digamos que isso foi uma revolução (ou uma delas) que permitiu a construção de sites mais robustos e com um conteúdo dinâmico. Onde entra o CMS nisso? Como dissemos acima, ele entra como uma interface, que permite que se incluam novos conteúdos (no nosso exemplo, notícias), sem precisar que, para isso, a pessoa seja um profissional especializado em web, uma vez que o ambiente é amigável e que se trata basicamente de formulários, nos quais se preenche o título e o texto que serão gravados no banco de dados sob um ID.

Uma das ferramentas mais poderosas para gerenciamento de conteúdo é o WordPress. Este CMS foi criado primeiramente como um gerenciador de blogs, mas, na medida em que foi evoluindo, teve seu poder de fogo aumentado de tal forma, que é cada vez mais utilizado como back-end de sites, mesmo de alguns cujo conteúdo não necessite de tanta atualização dinâmica como um site institucional. A esse respeito, o WordPress divide as áreas de publicação em dois grupos: páginas e posts, lembrando o que dissemos no Capítulo 2 sobre conteúdos estáticos e dinâmicos, respectivamente, sendo uma boa solução para diversos tipos de sites que contenham os mais variados tipos de conteúdo. Analisando a estrutura deste gerenciador e a quantidade de recursos que ele oferece — fora os, me arrisco dizer, milhares de plugins disponíveis que ajudam a incrementar ainda mais os seus recursos —, posso afirmar que ele é muito mais do que um gerenciador de conteúdo. É uma verdadeira plataforma de desenvolvimento. Se você ainda não teve a oportunidade de utilizá-lo desta forma, sugiro investir neste conhecimento. Mesmo porque, com uma boa capacitação, é possível que você desenhe os seus sites com toda a liberdade de layout que sempre teve e faça-os rodar sobre o WP, sem que nada fique engessado por conta da ferramenta. Lembre-se, porém, que esta tecnologia será boa para este momento em que você está desenvolvendo, podendo ser ineficaz ou obsoleta no futuro.

Falando nisso, escrevi toda esta trajetória, que se confunde um pouco com as experiências que tive desde que iniciei nesta carreira, pra te dizer que, por mais que você não queira, em algum momento, tudo vai mudar e você vai ter que aprender a fazer algumas das coisas que já fazia de um jeito diferente — às vezes, mais fácil, às vezes, mais difícil —, ou, em alguns casos, reaprender tudo de uma maneira completamente nova. Tudo está prestes a mudar, por melhor ou pior que isso possa parecer. É inevitável.

Soma-se a isso os nossos clientes, que são especialistas em nos demandar coisas que não temos a menor ideia de como fazer, como um site multilíngue com geolocalização, que carrega a versão do idioma mais adequado, de acordo com o local de acesso a ele, ou um website que, além de responsivo, rode confortavelmente na tela em preto e branco do navegador experimental do Kindle[25].

Independente da escolha da tecnologia mais adequada ou necessária em cada momento, é essencial que você estude, estude e estude sempre. Não se frustre, porém, se não conseguir dominar todas as técnicas que vai precisar para o desenvolvimento do seu trabalho. Uma boa equipe é importante e, caso não seja possível por força de custos fixos, aposte em parcerias. Elas são fundamentais para que você realize bons projetos, sem ter que abraçar o mundo e sem querer ser especialista em tudo. Aliás, isso não será possível. Infelizmente.

Afinal, como saber que tecnologia usar? Para descobrir, fique ligado em sites especializados, participe de fóruns e grupos de discussão em redes sociais, leia bastante, converse com amigos, mesmo que não sejam da nossa área, pois eles têm a visão do site pela ótica de quem está do outro lado e isso também é importante para te ajudar na hora que tiver que decidir que ferramentas usar. E, claro, use seu amigo de sempre: o bom senso (pensou que eu ia dizer o Homem-Aranha?). Ah, uma dica importante: ao fazer a proposta para seu cliente, descreva o que o site terá como características, mas poupe-o dos termos técnicos. Ele precisa saber que alguém da equipe dele vai poder publicar notícias ou atualizar textos no site, mas é desnecessário dizer que haverá um *Content Management System* ou que será desenvolvido em PHP.

Pra concluir: tenha foco no produto final. O site tem que atender as expectativas a que ele se propõe. Não seja

---

[25] Kindle, se você não conhece, é o e-reader da Amazon, que possui uma tela com uma tecnologia chamada de e-paper, que tenta simular a leitura de texto em papel, na minha opinião, com bastante êxito.

refém das tecnologias; use-as a seu favor e a favor da boa comunicação e não porque é moda, tendência ou "porque vai ficar irado aquele negocinho voando na tela". Em última instância, o internauta não vai estar nem aí para a firula se o site entregar o conteúdo que ele está procurando.

SEO

AO FALAR SOBRE as etapas de produção de um website, é imprescindível que se fale também dos cuidados com o SEO (*Search Engine Optmization* ou Otimização para Mecanismos de Buscas), que se trata de um conjunto de ações que devem ser feitas no conteúdo e nos códigos, a fim de facilitar que os sites de busca localizem e indexem o site que você está produzindo. Não é nosso objetivo aqui explicar como se faz um SEO eficiente, já que existem muitos trabalhos de pessoas especializadas, que poderão ser ótimos guias para que você entenda este processo e aplique, de forma correta, todas as técnicas para que seu site seja bem rastreado e, consequentemente, tenha bons resultados de posicionamento.

Dito isto, vamos levantar alguns pontos que podem ser importantes para reflexão. Primeiro de tudo, a despeito de o Google hoje ser a principal ferramenta de buscas na internet, não é a única e, por mais ínfimos que sejam os percentuais de pessoas que usem outros sites de busca, não acredito que seja inteligente desprezá-los. Sendo assim, verificar as diretrizes do Google para o melhor posicionamento do seu site é importante, mas foque em tornar seu site otimizado para ferramentas de busca em geral[26]. Uma pesquisa nessas outras ferramentas e nas diretrizes eventuais que elas tenham e que possam ser diferentes das do

---

[26] Talvez você não saiba, mas antes do Google, o Altavista era o buscador mais acessado, ou, pelo menos, um dos mais acessados. Hoje, quando se digita www. altavista.com, você é levado para o Yahoo. Ou seja, nada impede que um dia, num futuro distante, o www.google.com seja simplesmente um redirecionamento que leve para outro site.

Google também é recomendada. Vale lembrar que muitos internautas que usam o Internet Explorer como navegador principal — muitas vezes, por nem saberem que há outros — usam também o Bing como mecanismo de busca padrão, uma vez que o navegador vem configurado desta forma. Essa configuração de fábrica faz com que este mecanismo de busca alcance números mais expressivos do que se poderia esperar, mesmo que os usuários, de fato, não tenham a menor ideia de como entraram no buscador. De qualquer forma, vamos deixar essas questões de ranking entre os sites de buscas de lado, uma vez que tudo pode mudar — como sempre muda, a propósito.

Durante a infância da internet, muito pouco se sabia sobre os buscadores e era um mistério como os sites paravam lá. Já havia as meta tags, que são colocadas no cabeçalho dos códigos HTML (title, description etc), mas, além de não haver cursos e literatura especializada a respeito, também não havia esse mar de informações que você encontra hoje simplesmente (e ironicamente) fazendo uma busca num Search Engine (site de buscas). Como não havia esse conhecimento — se havia, ele era para iniciados —, o normal era que, uma vez que um site produzido estivesse pronto e publicado, fôssemos até os buscadores e submetêssemos a URL dos mesmos em um formulário, que os buscadores possuíam para esse fim. Coisa muito comum na época, aliás. Depois disso, era esperar até o buscador rastrear o seu site e listá-lo, o que acontecia depois de algum tempo.

Bem, não estamos mais naquela fase e o conhecimento está aí ao alcance de qualquer mortal. Então, não há desculpas para não se fazer um SEO minimamente correto. O problema agora é outro ou são outros. Primeiramente, é importante lembrar que o posicionamento no Google acontece a partir de mais de 200 critérios (não me peça para listá-los, nem para confirmar se são mesmo 200), o que vai muito — muito, muito mesmo — além de colocar um título, uma descrição, uma página 404 ou textos alternativos nas suas imagens. A dica que dou é adotar a seguinte estratégia: faça aquilo que está ao seu alcance e cumpra, na medida do possível, as regras elementares. Lembre-se que até mesmo a velocidade na qual seu site carrega pode influenciar no ranqueamento dele e, nisso, você tem uma influência grande. Vá até onde puder ir e deixe para especialistas o trabalho de fazer o SEO profissional. Lembre-se que estamos falando do mundo real das pequenas produtoras ou de produtores autônomos de websites. Se a sua equipe contar com um desses profissionais, ótimo; caso contrário, faça uma parceria com um profissional ou empresa que preste este tipo de serviço, claro, se o seu cliente topar pagar por isso. Afinal, produzir um site que cumpra as boas práticas para um rastreamento e indexação corretos é uma coisa; outra coisa é um trabalho de SEO específico e contínuo. Dois serviços, dois investimentos.

Também é importante deixar claro para o seu cliente que não existe milagre e que aquele e-mail (provavelmente SPAM) que ele recebeu de uma empresa que promete colocar o site dele no topo do Google é o equivalente eletrônico daqueles anúncios que prometem trazer a mulher amada em três dias. Logicamente, não estamos falando das técnicas do Black Hat[27], que além de desonestas, não se sustentam. SEO não é mágica, mas também não é matemática. Há outros fatores envolvidos, como quais palavras retornariam o site como primeiro de uma busca (se for o

---

[27] Em linhas gerais, Black Hat são técnicas de manipulação, que visam a enganar os mecanismos de busca para alcançar rankings maiores.

nome do domínio, até meu sobrinho de cinco anos consegue — se for o segmento da empresa, aí só o filho do Larry Page ou o do Sergey Brin[28] conseguiria), sua região geográfica, taxa de rejeição do seu site e por aí vai.

Particularmente, vejo com muitas ressalvas alguém prometer para o cliente que seu site estará bem colocado. O que é factível e honesto é prometer que você (ou sua empresa) cumprirá todos os critérios possíveis e recomendados pelos mecanismos de busca, que usará as boas práticas do desenvolvimento web e fará os ajustes necessários sugeridos pelas ferramentas para webmasters, a fim de aperfeiçoar e corrigir determinadas diretrizes. Você só pode garantir até esse ponto. Daí em diante, é com o site de buscas. Como você não trabalha lá, nem conhece o dono pra garantir que ele faça qualquer coisa que você queira só pelos seus belos olhos, não é possível garantir o que acontecerá, a despeito de você poder, sim, demonstrar que, via de regra, funciona. Outra coisa a salientar é que esses sites normalmente só apresentam dez resultados por página, que há um sem-número de websites daquele segmento indexados naquela base de dados e que muitos deles também fizeram o mesmo dever de casa de cumprir todos os critérios e diretrizes de SEO. Então, inevitavelmente, o décimo primeiro no ranking ficará na página 02.

A propósito, SEO também não é uma ação que se faz uma vez e está pronta. É um processo que deve ser constantemente revisado e aperfeiçoado.

O seu cliente, em algum momento, provavelmente perguntará a você se, caso ele pague, poderá subir de po-

---

[28] Fundadores do Google.

sições nas páginas dos buscadores. Segundo os sites de busca apregoam e a maioria dos especialistas ratifica, a contratação de links patrocinados em nada influencia na busca orgânica (esteja livre para acreditar ou não nesta afirmação). Então, provavelmente também surgirá uma segunda pergunta sobre o que seria melhor: investir em SEO ou em anúncios pagos. Para início de conversa, é uma pergunta que parte de uma premissa falsa, que coloca em lados antagônicos duas coisas complementares. A pergunta não é se se deveria usar um ou outro, mas quando usar um ou outro ou ambos. Antes de responder, vamos falar um pouco sobre *links* patrocinados.

Na minha experiência do outro lado da tela, quando sou só um internauta buscando informações sobre aquela banda que gosto, sobre o filme que acabei de assistir ou sobre um livro que quero comprar, em 100% dos casos, não clico nos links patrocinados, a não ser por engano. Primeiro vou justificar, depois faço a devida ressalva. As justificativas são duas:

• O camarada que está aparecendo ali, está porque pagou e não exatamente por sua relevância, em decorrência dos termos que usei na pesquisa. Isso, na minha cabeça de internauta, significa que ele não necessariamente possui o conteúdo que eu busco ou, se contém, está mais interessado em algum ganho com a minha visita do que propriamente com o fornecimento de qualquer informação relevante sobre o que eu esteja procurando. No caso da busca por informações do filme que assisti, sob esse ponto de vista, é mais fácil, por exemplo, que eu encontre um site querendo me vender o Blu-ray da película ou uma assinatura de um canal de filmes do que propriamente um blog que contenha o cast do filme, as informações sobre o ano em que foi lançado, quem o dirigiu e curiosidades.

- A segunda justificativa é uma consequência da primeira. Pelo fato de eu ter essa postura com os links patrocinados, meu cérebro simplesmente pula aquela parte da tela. É quase como se fossem pontos cegos. Dessa forma, não só não acho relevantes, como sequer leio o que está escrito naquelas áreas.

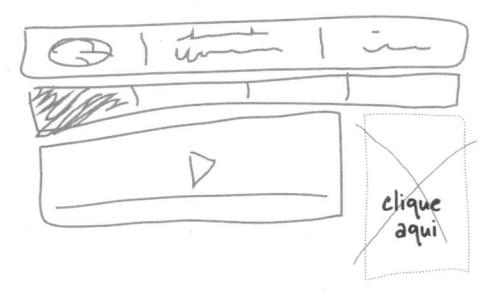

Vamos agora à ressalva. Esse comportamento e essa minha postura com esses anúncios são a exceção da exceção. Estou certo de que faço parte de um mínimo percentual de caras chatos, que ficam elucubrando sobre os anúncios na página de resultado da pesquisa do site de buscas. Tanto é que, se eu fosse a regra, os gigantes das buscas não seriam tão ricos quanto são ou até já teriam falido e ninguém, em sã consciência, anunciaria neles.

Onde quero chegar com isso? Na conclusão de que os links patrocinados geram tráfego sim e, por conta disso, podem ser considerados uma boa estratégia para o negócio do anunciante. Agora, vamos começar a responder a pergunta que fizemos acima. Pra ficar mais fácil, vou repeti-la aqui de forma mais completa: quando usar, como estratégia de marketing, o SEO[29] ou os links patrocinados ou ambos?

---

[29]   Quando falo em SEO nesta pergunta, não me refiro àquelas ações básicas que citamos no início do capítulo, mas na contratação de um serviço de SEO profissional e qualificado.

Para responder, é melhor recorrer a exemplos, já alertando que cada caso será um caso e que, se for você quem dará esse tipo de consultoria para seu cliente, converse exaustivamente com ele e levante os prós e contras de cada uma dessas ações.

Vejamos três sites diferentes: uma loja online, um site de notícias e um blog especializado em música.

Este tipo de site certamente possui uma grande quantidade de produtos e, volta e meia, lança campanhas sazonais. Essa eventual rotatividade de conteúdos nos faz crer que, a despeito de um trabalho de SEO competente poder ser realizado, muitas vezes, ele não atingiria consistência ou mesmo propagação, a ponto de gerar resultados relevantes e bem posicionados. Imagine, nesse caso, uma busca com as palavras "dia das mães + presente". Muito provavelmente, as chances desta loja aparecer bem posicionada nas buscas seria remota, devido à pesquisa ser bem ampla e genérica e com palavras bem pouco específicas. Mesmo que a loja tivesse um hotsite temático para esta data (o que ajudaria muito no SEO), a visibilidade muito provavelmente não seria das melhores. Se, contudo, fosse feita uma campanha de anúncios pagos nos sites de busca, a probabilidade é de que haveria um incremento considerável na visibilidade e muito provavelmente a geração desse tráfego se traduziria em aumento de vendas de produtos.

Site de
notícias

Diferentemente do exemplo anterior, esse tipo de site não possui uma rotatividade de conteúdo, a despeito de haver um volume de novos conteúdos que são adicionados periodicamente (dependendo do site, diversas vezes ao dia). Isso significa então que mesmo notícias antigas continuam fazendo parte do acervo e podem gerar novos visitantes. Se há um trabalho forte de SEO, temas recorrentes aparecerão com mais facilidade em buscas. Vamos supor que o internauta busque pelos termos "escândalo + Congresso Nacional". Se este site possui um acervo de notícias consideráveis sobre o tema, certamente será listado e, caso tenha feito alguma matéria relevante ou que tenha algum furo jornalístico ou mesmo que possua algum grau de ineditismo frente aos demais veículos noticiosos, certamente aparecerá mais bem posicionado. Cabe lembrar que o trabalho de SEO nesse tipo de site passa também pelo estabelecimento de diretrizes, que devem ser seguidas pelos produtores de conteúdo.

Mas, e quanto a links patrocinados? Certamente, é interessante para este site investir também nesta modalidade, porém o foco na escolha das palavras-chave será muito mais em ações comerciais ou de marketing (como venda de assinaturas, por exemplo) do que nas buscas que resultem em exibição de notícias, como as do exemplo que demos.

Blog especializado em música

Para facilitar nosso raciocínio, vamos supor que seja independente (não ligado a um outro veículo de comunicação) e que atenda a um nicho específico: amantes de rock'n'roll. Esse tipo de site, apesar de ser também noticioso como o do exemplo anterior, possui algumas especificidades:

- Por ser de conteúdo específico, raramente possui mais de uma editoria e normalmente não gera um grande volume de informações (pelo menos, não o mesmo que um site de notícias em geral, que contém várias editorias e que normalmente cobre o factual);

- Além do menor volume, possui maior interseção de temas, já que trata de um universo mais restrito;

- Sobrevive de anunciantes e patrocinadores. Por conta disso, a fidelização da audiência e o aumento dela são fundamentais na definição dos valores cobrados aos mantenedores. A conta é simples: quanto maior o número de visitantes, mais valiosos são os anúncios dentro do blog, uma vez que alcançam uma audiência grande, além de segmentada e fidelizada.

Nesse terceiro exemplo, uma boa estratégia seria a combinação, meio a meio, da verba entre o SEO e os links patrocinados, contemplando aqueles que buscassem pelo termo "AC/DC + novo álbum", que certamente encontrariam os resultados na busca orgânica, com outros que buscassem por "notícias do mundo do rock", que poderiam encontrar algum anúncio do blog em destaque nos links patrocinados.

Agora que coloquei todas as questões sobre SEO e destaquei sua importância, gostaria de colocar também uma visão muito particular e que, em hipótese alguma, deseja conflitar com o que foi posto até então. Existe, no mercado, uma preocupação por demais excessiva com o conteúdo para SEO e suas regras. Não estou falando dos tais 200 critérios, mas sim, especificamente, da redação dos conteúdos. Use, mais uma vez, seu bom senso para observar se você está utilizando de forma inteligente as regras ou se está deixando que elas ditem como será o seu texto. Lembre-se: você está escrevendo para pessoas e não para um robô burro de um mecanismo de busca, que vai tratar o seu texto sob a ótica de um algoritmo. Muitos dos sites que visito com frequência hoje, eu os conheci por indicação de amigos e não por buscas. Pode até ser que eles tenham uma boa estratégia de SEO por trás deles, mas o que me cooptou e me fez voltar foi a qualidade do conteúdo deles. Pense se você quer apenas atrair visitantes ou se quer criar público. São duas coisas diferentes.

Para terminar, um caso de como conseguimos aumentar e manter uma maior audiência no site de um cliente com uma ação simples, adotando uma estratégia de foco no conteúdo. Este cliente, um plano de saúde, nos contratou para reestruturar o seu site. Nesse segmento, há uma série de obrigatoriedades que precisam ser obedecidas por força de regras da Agência Nacional de Saúde. Além daquele conteúdo obrigatório, que era composto pela apresentação dos planos comercializados, acesso à pesquisa da rede credenciada, área restrita para o cliente, para o credenciado e para o corretor, entre outras seções, sugerimos que o site tivesse também uma parte noticiosa, que trouxesse notícias sobre saúde, particularmente a preventiva. Observamos, com isso, um crescimento no número de visitas/mês e isso ocorreu justamente na nova seção criada. Certamente, isso gerou algum ganho comercial também, pois quem visitava o site pelas notícias acabava indiretamente tendo contato com alguma informação sobre os planos. Apesar de a empresa não comercializar seu produto diretamente, esse aumento teve reflexo num reforço da marca no mercado.

NEM TUDO O QUE ESTÁ NA INTERNET SÃO WEBSITES

DESDE O INÍCIO DESTE LIVRO, estamos falando da delicada relação entre o cliente, com todas as suas necessidades, e nós, produtores de websites, pretensamente com todas as soluções que eles precisam para suas demandas. Como também dissemos, na quase totalidade das vezes, nós sabemos muito pouco ou quase nada do negócio dos nossos clientes e eles, em contrapartida, pouco sabem do nosso negócio. Não é raro, mesmo hoje, ter aquele aspirante a cliente que quer fazer o site da sua empresa e também aproveita para perguntar quanto você cobra para consertar a impressora dele. Apesar de engraçado, é até normal, levando-se em consideração que não é difícil encontrar empresas ou profissionais autônomos que fazem o seu site, instalam sua rede, fazem filmagem do seu casamento e ainda fornecem quentinhas.

Além disso, essa confusão acontece também pelo fato de que o desenvolvimento web está muito mais associado às coisas da tecnologia da informação (TI) do que às da Comunicação (aquela com "C" maiúsculo), mesmo em círculos não tão leigos quanto os de nossos clientes. Não é que não possa haver essa dupla associação, mas, sob o ponto de vista que estamos tratando aqui e pelo qual conduzi até hoje minha carreira, produzir websites é essencialmente fazer peças de comunicação, seja para qual finalidade for. Inverter esse ponto de vista, colocando o TI na frente, como peça mais essencial, no meu entender, é o equivalente a acreditar que o cinzel é mais importante do que a habilidade e o conhecimento do escultor ou mais importante do que a escultura.

A essa falta de clareza sobre quem faz o que, que remonta aos primórdios da produção de websites, somam-se alguns outros fatores, como:

- A baixa especialização dos profissionais de informática no final dos anos de 1990 e início dos de 2000, fazendo com que muitos deles "jogassem nas 11" e ainda fossem o técnico e o gandula. Isso criou uma imagem, que em muitos lugares persiste até hoje: se instala um Hard Disk, também faz website;

- Nesse mesmo período, a escassez ou, em muitos casos, a ausência de centros de formação especializada de desenvolvedores web ou mesmo de cursos básicos nesse segmento. Muitos dos profissionais que conheci e com quem convivi foram, assim como eu, autodidatas. Além disso, era muito raro haver alguém disposto a compartilhar — de boa vontade ou em aulas particulares — seu conhecimento conquistado à custa de muita pesquisa, garimpo e ralação;

- Mais recentemente, a popularização da chamada "computação na nuvem" (*Cloud Computing*) fez migrar para o ambiente web o universo dos desenvolvedores de softwares. Dessa forma, nós acabamos dividindo esse espaço com eles e, por conta disso, somos confundidos e, às vezes, nos confundimos sobre o que um e o que o outro faz.

A bem da verdade, nem sempre é tão clara esta distinção e existe, por vezes, uma linha tênue que separa uma coisa da outra. Vamos exemplificar para deixar isso mais claro. Imagine três websites (vamos chamá-los dessa forma): o primeiro, de um escritório de arquitetura; o segundo, de um escritório de advogados; e o terceiro, de uma locadora de veículos. Vamos analisar, hipoteticamente, cada um deles:

Escritório de arquitetura

Digamos que se trate de um website, que apresente o escritório com um textinho institucional, que apresente os sócios com suas respectivas capacitações e trajetórias, que tenha um portfólio com alguns trabalhos relevantes (galeria de fotos com o antes e o depois e mais o descritivo dessas obras), uma agenda com os próximos eventos de arquitetura e decoração nos quais o escritório estará presente e uma página de contato. A mim, não me deixa dúvidas de que seja um website e que qualquer um de nós poderia dar conta de produzi-lo do início ao fim.

Escritório de advogados

Neste segundo exemplo, imaginemos que haja também uma página institucional, outra para apresentação dos profissionais e suas respectivas capacitações, uma seção dedicada a informar quais as áreas de atuação do escritório, um sisteminha de notícias jurídicas — tanto para informar aos clientes sobre jurisprudências ou decisões nas áreas de interesse deles, quanto para ajudar na atração de novos visitantes ao site, que poderiam chegar através de buscas sobre esses assuntos que estivessem contidos nas notícias —, um formulário de contato e, por fim, uma área restrita, na qual rodasse um sistema de acompanhamento de processos. Opa, espera... Agora complicou. Tudo, do institucional à página de contato, são seções das quais qualquer profissional web pode dar conta, tanto no que se refere ao desenvolvimento, quanto, eventualmente, à manutenção. Um sistema de acompanhamento de processos, todavia, minimamente teria que conter rotinas como: gerenciamento dos usuários do sistema, com níveis de acesso diferenciados, de acordo com as atribuições de cada um (usuário máster, usuário operador etc); gerenciamento dos processos (cadastro, alterações e exclusões); controle de agenda (para cadastrar datas de audiências e para que o sistema emita alertas aos usuários sobre as mesmas); gerenciamento dos clientes do escritório, que terão acesso ao andamento dos seus respectivos processos (rotinas de inclusão, alteração e exclusão, bem como de associação dos mesmos aos seus casos); e por aí vai. Sem sombra de dúvidas que esta área não se trata propriamente do site, mas de um sistema, de um software. O que o diferencia dos softwares, digamos, tradicionais é, em essência, o fato de ele rodar na web, a despeito de isso não fazer dele um website.

Então, o que fazer num caso como este? Basicamente, eu teria três sugestões:

- Encarar o projeto e produzir internamente a solução. Apesar de ser um software, digamos que a sua equipe de programação tenha, em tese, todas as condições técnicas de fazer isso, nas linguagens de programação para web que normalmente esses profissionais já utilizam nos sites, como PHP ou ASP, por exemplo. Logicamente é uma tarefa bem mais complexa do que produzir uma rotina de cadastro e exibição de notícias ou uma agenda para exibir os próximos eventos. É necessário, também, não apenas o domínio das ferramentas: a equipe deve contar com, pelo menos, um profissional com experiência em análise de sistemas, para que o planejamento seja consistente, a fim de que o sistema funcione corretamente e atenda todas as necessidades, inclusive as de segurança das informações contidas nele. É importante ressaltar que esse tipo de demanda exige um outro tipo de olhar e de especialização e que contém muitas nuances que não fazem parte do dia a dia do desenvolvimento de sites.

Lembre-se também do seguinte: quando você produz um software, diferentemente de um website, existe todo um desdobramento, que envolve o suporte, o treinamento do usuário e a manutenção do sistema. Apenas para ilustrar algo que pode acontecer: imagine que a solução está pronta e funcionando perfeitamente. Daí, o provedor de hospedagem onde o sistema está rodando faz, por exemplo, um upgrade ou uma atualização de segurança no PHP. Em consequência disso, determinadas rotinas ficam impedidas de rodar, exigindo-se que elas sejam reescritas para se adaptarem às novas regras de segurança do ambiente. Não suponha que o provedor vá te avisar antecipadamente sobre essas ações. Isso muito provavelmente não vai acontecer. O seu cliente, com certeza, não vai entender muito bem porque o sistema parou e vai colocar na sua conta a responsabilidade pela adequação e pelo funcionamento. Então, avalie bem todos os aspectos, antes de decidir se vale a pena encarar este desafio e coloque bem especificado em contrato todas essas nuances e responsabilidades.

- Uma alternativa seria buscar uma empresa desenvolvedora de softwares com expertise em sistemas web, que pudesse ser uma parceira sua nessa empreitada. Esse tipo de terceirização tem que ser muito bem amarrado, uma vez que o seu cliente fechará o contrato com você e certamente todas as responsabilidades de prazo, funcionamento, testes, entre outras, são suas, mesmo que você tenha um contrato particular com a empresa parceira. É uma relação delicada e de muita confiança. Então, antes de partir para esta solução, tenha certeza de quem está escolhendo para esta tarefa, até para não correr o risco de que esta empresa ofereça para o seu cliente a produção do site. Na pior das hipóteses, em vez de terceirizar, indique a empresa para que ela feche o contrato diretamente com o seu cliente. Mesmo assim, deixe claro para ele que as responsabilidades da execução são todas dela e que você apenas está fazendo uma gentileza de indicar ou, no máximo, está prestando uma consultoria, para que essa solução se integre com o website que está fazendo. No caso de consultoria, cobre por este serviço, ou do seu cliente ou da empresa desenvolvedora.

- No caso específico do sistema de acompanhamento de processos jurídicos, que é o nosso exemplo, é possível encontrar empresas que oferecem esse tipo de produto e comercializam como software as a service (SaaS, ou software como serviço, que é um nome descolado para assinatura), no qual o eventual cliente escolhe um plano com determinadas características — como número de usuários ou tipos de módulos oferecidos — e paga mensalmente pelo uso, sendo que todo o sistema roda na nuvem. Talvez, das três soluções apresentadas, seja a que vá dar menos dores de cabeça para você e mais satisfação ao cliente.

Bem, estávamos analisando três exemplos de sites (ou quase-sites ou, ainda, não-sites) e faltou falar sobre o terceiro exemplo.

Locadora de veículos

Um site de uma locadora de veículos poderia, muito bem, ser uma vitrine, na qual a empresa exibiria os veículos que têm disponíveis, com todas as suas características (marca, modelo, ano, se tem ar-condicionado, airbag, cilindragem, tipo de marcha, capacidade de passageiros, capacidade do porta-malas etc), os serviços que a locadora presta (traslados, aluguel com motorista etc), uma área para perguntas frequentes, formulário para solicitação de orçamento e contato. Esta estrutura é, sem dúvida, um website clássico, daqueles que, igualmente ao nosso exemplo do escritório de arquitetura, damos conta sem problemas. Eu mesmo já fiz, pelo menos, dois desses.

Agora, imagine que, em vez de ser uma vitrine, fosse um site, no qual o internauta pudesse pesquisar o veículo desejado, utilizando como critério uma ou mais de suas características, fazer a reserva, agendar o local de retirada e de entrega, pagar e, caso já esteja no meio do período da locação, possa estender ou abreviar o período do aluguel, efetuar a troca do veículo por outro maior ou menor etc.

Assim como no exemplo do sistema de acompanhamento de processos, você tem aquelas três alternativas de desenvolvimento para escolher uma e propor ao seu cliente. Só que existe um ponto, que torna esta situação diferente daquela anterior. Ao contrário dos outros dois exemplos, a estrutura deste site da locadora assemelha-se muito à de um e-commerce, no quesito complexidade, e o site em si é praticamente o sistema. Nesse caso, essas duas coisas até se confundem, porque, mesmo que haja as páginas de perguntas frequentes, serviços e contato, o núcleo do site é todo dentro do sistema de gerenciamento da locação. Assim, se optar pela solução nº 1, que é você mesmo desenvolver o site/sistema, os prós e contras são os mesmos que apontamos na análise do sistema de gerenciamento de processos do escritório de advocacia. Se, todavia, optar pela solução nº 2, a da parceria, seu trabalho será essencialmente o de gerenciar o terceirizado e, talvez, o de desenhar a interface. A despeito de parecer ser mais simples, também é bem mais arriscado, pois a produção ficará quase que completamente concentrada nas mãos da empresa parceira. Isso aumenta os seus riscos em relação aos prazos e à boa execução dos serviços, já que não controlará os processos diretamente. Ainda há o problema de o cliente achar que você simplesmente está sendo um atravessador no processo, caso transpareça para ele que a solução está sendo realizada por um terceiro. Você, se achar mais honesto, pode deixar isso claro e se colocar como um coordenador do desenvolvimento, que está sendo a voz do desenvolvedor junto ao cliente e a voz do cliente junto ao desenvolvedor. Por último, também corre o risco de a empresa terceirizada assediar o seu cliente e, como nesse caso o site e o sistema serão uma coisa só, caso seu "parceiro" tenha êxito no assédio, você perderá o contrato, mas, como diria a menina traída pelo namorado, "eles se merecem".

A boa notícia é que, assim como há soluções prontas de sistemas de gerenciamento de processos — e também de lojas virtuais, como citamos no Capítulo 6 —, há também soluções para locadoras de veículos, que você pode contratar também como SaaS[30].

---

[30] Só lembrando: SaaS é o acrônimo de *Software as a Service*, ou Software como serviço.

Em qualquer um dos três casos, ou em outros com que certamente você vai se deparar no futuro, é crucial avaliar bem o tamanho da demanda e a sua complexidade, para evitar cair na cilada de achar que, "se roda na web, é website".

Para finalizar e ilustrar, alguns casos reais.

Não por acaso, coloquei entre os exemplos uma locadora de veículos. Há alguns anos, fui contratado para fazer dois websites para duas locadoras do mesmo grupo de empresas. Uma das locadoras ficava situada no Brasil e a outra, na Flórida, EUA. O site da locadora brasileira era do tipo "vitrine", com uma estrutura bem parecida com a do exemplo que citei, exceto, apenas, que era em dois idiomas, o que não chegou a ser um complicador. Esse foi resolvido dentro das expectativas e encontra-se no ar até hoje, cumprindo bem, acredito, os objetivos para os quais foi projetado. Já o site americano era diferente. Deveria conter todas aquelas rotinas de reservas online, cálculo dos valores conforme o número de dias escolhidos, cadastro do cliente etc. A única coisa que não teria era a rotina de pagamento, pois ela era feita quando da entrega do veículo pelo cliente, no final do processo, momento em que se poderia calcular o tempo exato que durou a locação e eventuais taxas extras incidentes por força de multas ou extensão ou redução do prazo contratado. Tudo isso já não seria simples, porém havia mais. A propósito, muito mais. Além das coisas inerentes às regras do negócio e a parte promocional, havia nuances relativas à lei daquele estado americano. Vou listar alguns desses complicadores, só para você poder avaliar o grau de complexidade da coisa:

- Valor do veículo/dia + valor/hora, para o caso de entrega fora do prazo;

- Valor da diária era "X" até o terceiro dia do aluguel. Para locações a partir de quatro dias, incidia um desconto;

- Valores diferentes em alta e em baixa estação. Se, no intervalo de dias, houvesse uma interseção entre as estações, os valores das diárias seriam diferenciados em cada período;

- Cálculo do seguro. Esse valor variava, conforme a idade do contratante;

- Inclusão de opcionais, como GPS ou cadeirinha para criança (valores cobrados à parte), proporcionais ao número de dias de uso;

- O sistema teria que tornar indisponíveis os veículos locados em determinado período, para que não houvesse overbooking (mesmo veículo alugado para dois clientes diferentes);

- Upgrade ou downgrade de categoria de veículo durante o período da locação (exemplo: a pessoa alugava uma minivan com capacidade para sete passageiros e, após cinco dias, trocava por um compacto de quatro passageiros, pois parte do grupo já tinha ido embora antecipadamente);

- Controle de veículos em manutenção ou fora de operação por acidente, por exemplo;

- Para os prazos, também haveria a necessidade de um controle especial, uma vez que havia uma antecedência mínima para as reservas, além de um limite do número de dias de locação. Não sei se em todo território americano, mas, pelo menos na Flórida, a locação de um veículo não poderia ser, por lei, maior do que 30 dias;

caso contrário, deixaria de ser aluguel e seria considerado leasing.

O sistema era usado tanto pelos clientes internautas quanto pelos funcionários da locadora que faziam o atendimento de balcão, uma vez que, como se referia à reserva de veículos, deveria ser um controle unificado, a fim de tornar indisponíveis aqueles já reservados, tanto online quanto offline.

Havia mais alguns complicadores, mas essa listinha já dá uma noção do tamanho do pepino (pra usar o nome de um vegetal, em vez de algo menos elegante). Bom que se diga que, em momento algum, a empresa contratante sonegou essas informações. O problema foi que a minha equipe subestimou o projeto — eu inclusive. No decorrer da produção, foi necessário fazer novas contratações de mão de obra e, apesar de eu ter cobrado um valor substancial, tive um grande prejuízo neste projeto.

Antes de seguir, peço que leia mais uma vez a lista acima e reflita se você aceitaria realizar este trabalho, levando em conta os seus conhecimentos e os da sua equipe.

Outro caso que gostaria de citar é o de um sistema de agendamento, que fizemos para integrar ao website de um cliente. Como o importante, nesse caso, é a história e não o nome do personagem, vou me abster de dizer o segmento da empresa.

Era uma demanda bastante específica e exigiu, antes de qualquer ação, que se fizesse uma minuciosa descrição das regras de funcionamento do sistema, para que fosse submetida aos envolvidos e validada, a fim de que o desenvolvimento se desse dentro de protocolos bem definidos, até porque havia um prazo relativamente apertado, por força de uma exigência legal. Demanda aceita, regras validadas, partimos para a produção do sistema. Era, como disse, um sistema de agendamento online. Então, havia a necessidade do estabelecimento de número de vagas, controle de feriados fixos (locais, regionais e nacionais), controle de feriados móveis ou sazonais — como recessos — entre outras características. Há duas coisas que marcaram este processo e que merecem menção: a primeira foi uma súbita mudança em uma das regras, que exigiu que se fizessem mudanças importantes no meio do percurso. Nessas horas é que a criatividade é posta à prova, pois essa mudança envolvia uma boa parte das rotinas e o prazo tinha que ser mantido.

A segunda situação foi, de certo modo, bizarra. Quando o desenvolvimento estava na sua reta final, liberamos para o cliente o acesso para que a equipe dele iniciasse os testes. Já havíamos feito testes internos, mas quem desenvolve entende os protocolos e, por isso, às vezes, não põe o sistema à prova. Já o cliente não está condicionado e tem mais chances de fazer combinações esdrúxulas que subverteriam as rotinas e, por isso, tem mais facilidade de esbarrar com alguma validação de campo que não funciona ou com alguma rotina que é aceita fora dos protocolos. Passadas duas semanas, recebemos um e-mail com um arquivo PowerPoint anexado, teoricamente com pontos do sistema a serem corrigidos. Qual não foi minha surpresa ao me deparar com capturas de telas e comentários do tipo "clarear o azul de fundo", "diminuir a fonte", "colocar em vermelho", ou seja, a pessoa responsável, se é que posso chamá-la assim, pelo *debug* fez, nada mais nada menos, do que uma análise cosmética do sistema, sem ter submetido o mesmo aos testes que desejávamos. Isso, logicamente, gerou um atraso e uma ligação de um dos diretores da empresa. Por sorte, tratava-se de um cliente com mais de dez anos de relacionamento e para com o qual eu tinha credibilidade.

Por último, mais um caso, apenas para você observar que o dia a dia sempre traz demandas diferentes. Um cliente nos contratou para reformular o seu website, que, além de toda a parte institucional, contava, na área aberta, com uma busca a uma base de dados feita por alguns filtros predeterminados, que podiam ser escolhidos através de menus drop-down e combinados entre si. Havia, também, uma área restrita com dados para um público específico. Todas as informações, tanto da busca aberta quanto da área restrita, eram provenientes do sistema offline da empresa, que alimentava uma base de dados online e cujo acesso se dava através de um webservice[31] fornecido pelo desenvolvedor para integração desses dados com o site. O desafio, nesse caso, foi "fazer conversarem", através desse mecanismo, as requisições do usuário do site com a base de dados do sistema, que, a propósito, encontrava-se num servidor diferente. Ou seja, nesse caso, a parte do desenvolvimento que nos coube foi a da interface do internauta até o webservice. Este, por sua vez, entregava as requisições feitas para o servidor externo, recebia dele as informações solicitadas e as entregava ao visitante do site. Apesar de ser um desenvolvimento parcial, esta demanda nos fez utilizar recursos que até então desconhecíamos.

Este tipo de solução, apesar de promover a integração entre os sistemas offline e online, não é tão eficiente quanto às soluções que rodam 100% na nuvem. Primeiramente, porque as atualizações dos dados não ocorrem em tempo real, demandando algum tipo de sincronização

---

[31] *Webservice é, essencialmente, uma interface para conectar duas plataformas diferentes.*

entre as diferentes bases. A outra questão é a que afeta diretamente a performance do sistema. Pelo fato de não ser uma consulta direta e centralizada num único servidor, o procedimento é mais lento, dada a quantidade maior de requisições. Além disso, há outro agravante: no caso de mau funcionamento, lentidão ou crash do sistema, algumas vezes, a identificação de onde o erro acontece pode ser mais difícil, dada a quantidade de camadas.

Os casos que relatei aqui são apenas alguns dos muitos casos reais ocorridos nos últimos anos e eu os trouxe, única e exclusivamente, para ilustrar o título deste capítulo. O seu dia a dia (e o meu também) trará outros desafios, diferentes, tanto para você quanto para mim, e nem sempre ficará claro, em alguns casos, se a demanda é de um site ou de um sistema. Você, na condição de expert sobre o assunto, é quem terá que avaliar se tem condições de resolver essas demandas do seu cliente, seja direta ou indiretamente. Não tenha medo de dizer "não" a alguma dessas propostas, em especial se o seu eventual cliente vier perguntar quanto você cobraria para fazer uma rede social para ele.

Se você é novo nesse negócio, não se desespere. A maioria dos clientes, seja por questões estratégicas, seja pela finalidade de seus negócios, seja ainda pela verba limitada que tem para investir em sua presença na web, fará aquele website tradicional, que mais se parecerá com uma peça de Comunicação do que propriamente com um serviço online.

CONSIDERAÇÕES FINAIS

AGORA QUE PERCORREMOS todas as etapas da produção de um website, estamos no momento de apresentar a versão final para o cliente. Independente de se tratar de um projeto iniciado do zero ou de um que seja upgrade de uma versão anterior, é sempre conveniente colocar este piloto rodando numa área de testes dentro do mesmo provedor que hospedará o site definitivo, a fim de se verificar que tudo esteja funcionando de acordo com o ambiente (seja Windows, seja Linux), com as devidas conexões com bancos de dados e versões dos scripts ajustadas.

É hora de fazer uma navegação minuciosa em busca de eventuais links quebrados, imagens que não estejam abrindo corretamente ou daqueles errinhos de português que passaram despercebidos. Esse último detalhe é, muitas vezes, ignorado por parte dos produtores de websites, que podem achar isso menos importante. Estar por dentro das melhores técnicas de desenvolvimento pode fazer diferença no seu currículo, mas escrever corretamente é o mínimo que se espera de qualquer profissional, seja em que área atue. Uma proposta ou um e-mail com algum erro crasso de português pode e irá depor contra você.

Peça ao seu cliente que ele — ou alguém que ele indique — também navegue pelo site de cabo a rabo para conferir tudo, antes que ele seja colocado no ar em definitivo. Afinal, quando o cliente nos dá o OK final, ele está aprovando o que foi feito e, logo, passa a ser corresponsável pela conferência. Deixe isso claro em algum momento, para evitar alguma indisposição entre vocês no futuro.

Outra coisa a ser levada em consideração é que nem sempre, após o término do trabalho, o seu cliente fecha um contrato de manutenção do website. Isso não significa, todavia, que, no dia seguinte à publicação do projeto em seu local definitivo, você não tenha mais nada a ver com ele. Pode acontecer, e não é raro, que alguma correção seja necessária, ou que algum ajuste deva ser feito. Estabeleça com o cliente um prazo para garantia do serviço, desde que aquilo que esteja coberto nesse período sejam acertos, ajustes e correções. Às vezes, em casos como o de websites com conteúdos dinâmicos, o cliente pode pressupor que, durante a garantia, as publicações devam seguir por sua conta. É sempre bom conversar isso antes. Afinal, como diz o provérbio, "o combinado não sai caro". Avalie, também, a possibilidade de dar ao cliente um ou dois meses de manutenção gratuita para o site. Isso pode fazer a diferença entre ele fechar ou não um contrato para atualizações no futuro.

Sobre contratos de manutenção, existem várias maneiras em que eles poderão ser formatados. Dependerá, em muito, de quais são as necessidades do seu cliente e, em parte, das características do website em questão. De qualquer forma, vamos citar alguns tipos possíveis, para você ter uma ideia. Lembrando, mais uma vez, que são apenas sugestões fictícias e que, dependendo de cada caso, será conveniente — e necessário — fazer adaptações para as particularidades de cada situação.

Contrato para atualização de conteúdos

Toda e qualquer atualização dos conteúdos já existentes estaria incluída nessa modalidade. Então, desde uma alteração de número de telefone à substituição, por exemplo, das fotos existentes em uma galeria, estariam cobertas neste tipo de contrato. Não estaria contemplada, neste formato, a criação de novas seções ou funcionalidades no site — tais como um sistema de agenda de eventos que não existisse, por exemplo, nem tampouco o redesenho da interface. Para este contrato, sugiro que sempre se cobre um valor fixo mensal, sem limitar o número de intervenções que possam ser feitas. Logicamente, você definirá o valor, de acordo com uma estimativa de atualizações feita previamente com o cliente. Se estiver inseguro, faça um contrato de seis meses, para observar se o volume é proporcional ao que está sendo cobrado, e renegocie, caso julgue que a demanda seja maior do que a expectativa inicial. Lembre-se que, neste tipo de contrato, nem sempre o volume das atualizações será constante, o que significa dizer que, em determinados meses, o cliente poderá "arrancar o seu couro" e, em outros, praticamente não pedir nada. Neste formato, o fornecimento das informações é de inteira responsabilidade do cliente.

Contrato para atualização e implementação de conteúdos

Esta modalidade seria praticamente uma cópia da anterior, com a diferença de que, caso haja a necessidade de se criar uma nova seção ou funcionalidade, o valor do contrato já cobrirá estas novas demandas. Avalie bem este tipo de contrato, pois a nova funcionalidade pode exigir um esforço de programação muito além do que aquele que o contrato esteja remunerando. Existe ainda a possibilidade de se colocar uma cláusula com limites ou exceções.

Contrato para atualização e produção de conteúdos

Diferentemente dos exemplos anteriores, neste caso, o cliente apenas solicita a publicação de atualizações, pois a responsabilidade pela produção delas é sua. Para ilustrar, podemos pensar num site que tivesse uma seção de notícias sobre o segmento em que a empresa atua. Nesse caso, a responsabilidade pela apuração e redação dessas notícias — ou a compilação, caso fosse um conteúdo proveniente de agência de notícias, órgão de classe ou outra fonte — é sua. Para aceitar esse tipo de demanda, é necessário que sua equipe conte com um profissional adequado: um jornalista. Delimite, de qualquer forma, o que estaria fora da cobertura do contrato, como produção ou compra de imagens para ilustrar as matérias, para que tais custos sejam cobrados à parte.

Outro tipo de site que poderia exigir a atualização e produção de conteúdos seria um que fosse utilizado pela empresa como canal de divulgação de promoções. Observe, no entanto, que, para esta demanda, não é necessário apenas um contrato de produção de conteúdo, mas um de comunicação, já que essa divulgação de promoções poderá ser bem mais do que a redação de um conteúdo e sua publicação. Trataria-se da produção de peças de divulgação para banners que, muito provavelmente, estariam em consonância com as campanhas ou ações offline existentes. Um contrato de Comunicação online contemplaria a produção deste material, visando tanto a sua publicação no site quanto nas mídias sociais, e uma versão ampliada dele poderia concentrar toda a criação online e offline numa mesma agência. Cabe a você estabelecer os limites de sua atuação, para ver se este tipo se encaixa no escopo de serviços oferecidos por você ou sua produtora.

Enfim, podem existir tantas variações desses modelos de contrato quanto forem as diferentes demandas dos clientes. Caberá a você ajustar uma coisa à outra, a fim de encontrar o melhor formato para o fornecimento dos serviços, conforme a situação apresentada.

Existe, ainda, a possibilidade de o cliente solicitar que o site possa ser administrado por ele próprio ou por um funcionário. Já vi esse tipo de solicitação terminar de três formas distintas:

1. Atender exatamente as expectativas do contratante, de forma que ele, através do CMS, pôde conduzir autonomamente as atualizações necessárias;

2. Ser uma simples exigência, na qual o cliente não fazia a menor ideia de como criar conteúdos, deixando, por fim, o site desatualizado, a despeito de ter acesso à ferramenta para atualização;

3. A demanda por autonomia transformar-se posteriormente num contrato de manutenção, quando o cliente chegou à conclusão de que saía mais barato deixar a tarefa de cuidar do site nas mãos de especialistas do que retirar um funcionário dele de suas tarefas primárias para realizar este trabalho.

Independentemente de como terminará, quando há essa solicitação, existem duas coisas com as quais você deverá se preocupar: a primeira é escolher — ou desenvolver — um CMS, que atenda a demanda do website e que seja, ao mesmo tempo, de fácil operação para um leigo (ou, pelo menos, que seja descomplicado e intuitivo). A segunda preocupação se refere a um treinamento mínimo, que deverá ser dado para a pessoa que eventualmente exercerá as tarefas de atualização do site. Imagine, por exemplo, que simplesmente você entregue o produto e informe o login e a senha da área de administração, deixando que o cliente "se vire". Além de não ser muito bacana de sua parte, poderá causar um dano, no final das contas, para você mesmo. Explico: você se dedicou, do início ao fim, para que aquele site fosse um produto final de qualidade, cumprindo todas as etapas. Ficou orgulhoso com o resultado e o colocou no seu portfólio. No rodapé de todas as páginas deste projeto, está a sua assinatura. Se este mesmo site estiver agora sendo atualizado por mãos amadoras e sem treinamento — que não cuidarão do peso nem das proporções das imagens, deixando-as distorcidas; que poderão criar bizarrices na formatação dos textos e que certamente não terão o mínimo cuidado com SEO, simplesmente por não saberem do que se trata —, isso significa que todo esse desastre no qual poderá se transformar o projeto, estará inevitavelmente associado ao seu nome. A coisa certa a fazer é treinar aquele que vai cuidar do seu legado. Isso, entretanto, não significa que essa preparação deva ser gratuita. Ao formar o preço do projeto, levando em conta o pedido de que haja um CMS com área de administração para dar autonomia ao contratante, inclua na proposta a informação de que, ao fim do desenvolvimento, haverá "X" sessões de treinamento e incorpore o custo disso no valor total. Se preferir, não discrimine o custo dessas aulas. Apenas inclua o valor no preço final, para evitar também que o cliente abra mão deste investimento e, como consequência, da eventual futura integridade do site.

Já que estamos falando de contratos, nunca deixe de utilizá-los como mecanismo que vai reger o seu relacionamento com o cliente. Você encontra ótimos modelos de contrato na internet e é sempre possível aprimorá--los. Outra dica importante é, com um modelo de contrato padrão em mãos, submetê-lo a um advogado. Ele é o especialista e terá condições de avaliar se existe alguma cláusula abusiva, inócua ou se há algo que possa não estar claro. É um investimento relativamente baixo e necessário, pois dará segurança jurídica ao processo. Também sempre reveja seus contratos e os aperfeiçoe na medida em que um fato novo, que você não havia pensado, surja e mereça o devido resguardo. Outra dica valiosa é nunca iniciar o trabalho sem a formalização que se dá com a assinatura do contrato e o pagamento do sinal. Ao exigir o cumprimento desta formalidade, você oficializa o relacionamento e mostra, já no primeiro momento, uma postura profissional. Desnecessário dizer — mas vou dizer assim mesmo — que cabe a você manter esta postura com o cumprimento de todos os compromissos assumidos no ato da contratação.

Ainda sobre a sua atuação e postura profissionais, não importa se você é um profissional autônomo ou se já possui uma empresa formalizada, é importante que estabeleça quais são os objetivos do seu negócio, quais tipos de serviços estará disposto a fazer e quais não, tanto no que diz respeito à complexidade de tais e quais projetos, quanto na quantidade de especialistas necessários para realizá-los. Existem muitas nuances no desenvolvimento web e, apesar da impressão superficial de que todos os produtores de websites estão aptos a resolver todas as demandas nessa área, pudemos ver que não é bem assim. Algumas vezes, é melhor dizer "não" a um projeto, pelo simples fato de que a demanda poderá exigir, além daquilo que você tem, algum elemento que não tenha e que seja crucial para o sucesso ou para a simples conclusão da demanda. Isso não significa, contudo, que um pouco de ousadia não seja importante. Às vezes, correr riscos será necessário para o seu crescimento profissional. Nem sempre suas decisões poderão te levar aonde você desejava chegar, mas quebrar a cara faz parte do negócio e o aprendizado que advir dessa derrapada, às vezes, valerá mais do que o eventual sucesso. Digo por experiência própria. Você, em última instância, é a melhor pessoa para decidir quando será hora de recuar e quando será o momento de ousar.

No que diz respeito à sua remuneração, procure sempre se valorizar. Muitas vezes, nos deparamos com empresas recém-criadas, que, por estarem em sua fase inicial, possuem pouca verba para investir em seu primeiro website. Em algumas circunstâncias, poderão surgir propostas para que você faça um "precinho camarada" para crescer junto com a empresa ou a célebre frase "eu tenho muitos contatos pra te indicar". Em primeiro lugar, você não tem que investir no negócio alheio nem depender do crescimento de outra empresa para ser remunerado decentemente. Em segundo lugar, se eu tivesse sido indicado para tantos contatos quanto me foram prometidos, com certeza estaria nos dez mais da *Forbes*[32]. Se você não quer perder o negócio e já estabeleceu uma relação de confiança com o seu futuro cliente, proponha um parcelamento maior do valor a ser cobrado. Desta forma, você não vai deixar de receber aquilo que vale o seu trabalho, mas conseguirá encaixar o valor da parcela numa eventual verba mensal que o seu cliente tenha disponível para este fim.

---

[32] Revista norte-americana, célebre por sua lista dos mais ricos.

Para concluir (já disse isso aqui inúmeras vezes, mas acho que repetir mais uma última não seria demais): esse livro não é um guia que deva ser seguido à risca. Nunca tive a pretensão de que ele fosse e acho até que não seria salutar. Eu o escrevi como um viajante que percorreu o mesmo trajeto várias vezes, de formas diferentes, às vezes pegando um atalho, às vezes o caminho mais longo; às vezes sozinho e, em outros momentos, acompanhado; sob sol, sob chuva; sempre anotando os passos que julguei interessantes compilar e comentar, para deixar como dicas para futuros viajantes.

Descubra a melhor forma de trilhar esse caminho e Boa Viagem!

:‑)

ÍNDICE

T

U

V

W

Y